U0164583

X探險特攻隊
科普冒險系列
神祕雨林
大冒險
原作／李國靖．阿比
漫畫／黃嘉俊
「跟著柚子去旅行」
部落格主編
專業
推薦
看漫畫學知識

前　言

隨著科技文明的進步，我們邁入一個以圖畫為主的「圖像時代」。

放眼望去，電視、電影、多媒體、網路等大眾傳播媒體，都爭相透過視覺影像來傳達訊息，就連兒童教育的領域，也開始興起「圖像教育」。

與其對著滿是黑白文字的課本，小朋友們其實更願意透過圖像的閱讀來獲得知識。這些彩色圖像的資訊量大、臨場感強，也更易於孩子們的記憶。

所以，能讓孩子們在完成了繁忙的功課後，一邊輕鬆的看看漫畫，還能一邊學習新知識的圖書，絕對是家長及老師們最樂意送給孩子們的禮物。

本系列的探險漫畫，便是以有趣的科普知識為主的兒童教育漫畫書。

小朋友可以津津有味的享受創意十足的漫畫故事，隨意發揮天馬行空的想像力，還可以從中學習許多與漫畫故事相關的科普常識，運用在課堂或日常生活中。

如果你的孩子常抱怨讀書學習是一件苦差事，不妨讓他們閱讀這本書，一定能引起孩子們求取新知的欲望。

Contents

人物介紹

小尚（13歲）

◆聰明、冷靜、分析力強
◆愛長篇大論，偶爾會眼高手低
◆科學及理論主義者

小宇（13歲）

◆好奇心重、好勝心強、
會貪小便宜
◆勇敢、百折不撓、永不放棄
◆個人主義，喜歡逞英雄

石頭（15歲）

◆力氣大、食量大、身形也大
◆沉默寡言但誠實可靠
◆維修高手

STARZ

◆外號小S，博士發明的小機器人
◆有掃描、分析、記錄、
攝影、通訊等功能
◆外型百變，是庫存大量資料的
超級微型電腦

艾美麗（13歲）

◆聰明、反應敏捷
◆愛漂亮但個性酷酷的女生
◆電腦高手

達文西博士（60歲）

◆國家科學研究院教授
◆擁有天馬行空的創意
◆學問淵博、喜愛冒險，
但生性懶散

戴安娜（30歲）

◆負責研究室基地的行政工作，
是教授的得力助手
◆成熟、穩重、美麗、大方
◆擅長解決難題

CHAPTER 1 未知的逃亡

擺動······

擺動······

擺動······

沙沙······

沙······
沙沙······

沙沙……
呼！
呼……

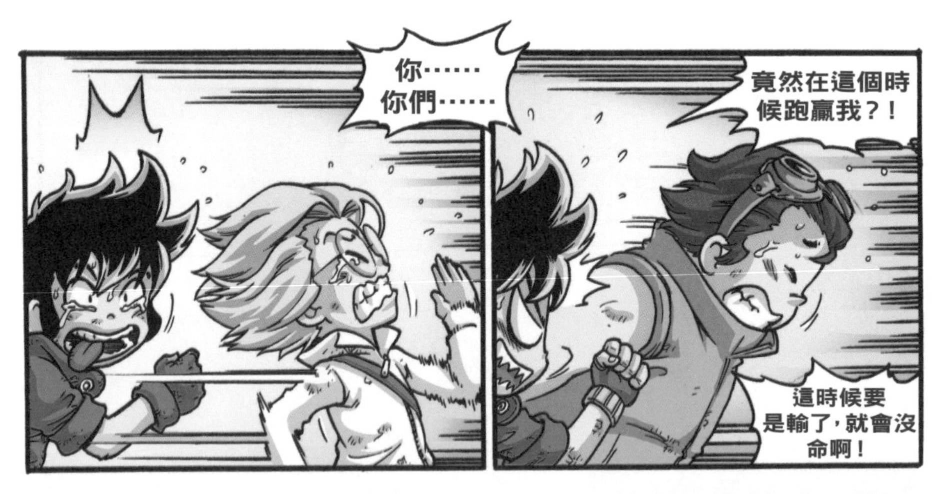
你……
你們……
竟然在這個時
候跑贏我？！
這時候要
是輸了，就會沒
命啊！

喀嚓！

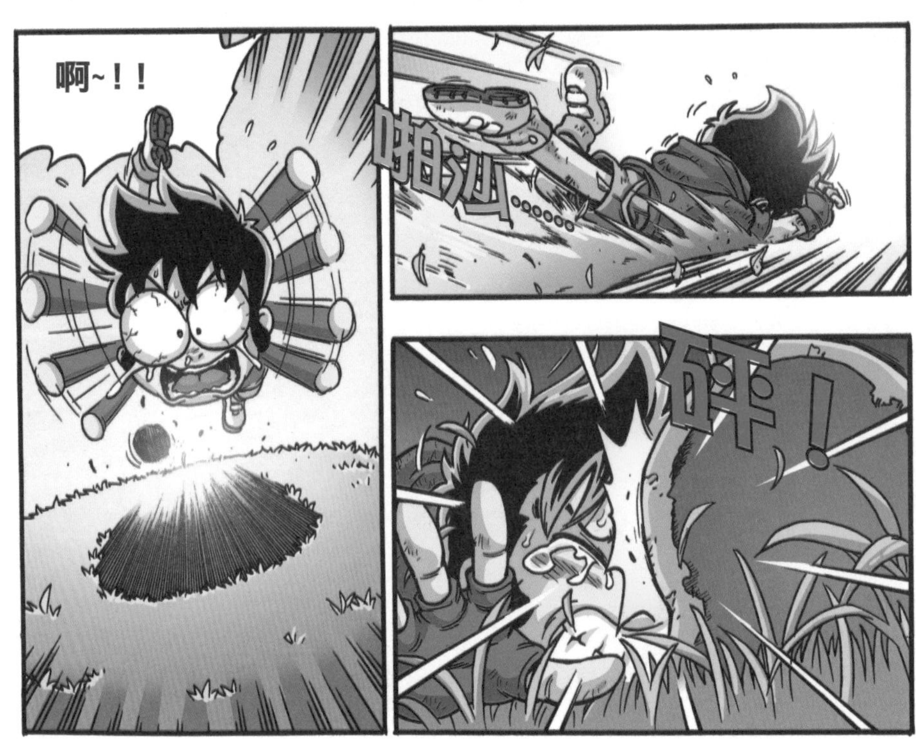
啊~！！
啪沙……
砰！

!!

啊啊啊！！！
啪沙……

…

小宇！
這……這下該怎麼辦……
我們沒辦法離開這裡了……

別亂說話！
我們一定能離
開這裡的！
小宇，
千萬別放
棄啊！

一定……
能離開……

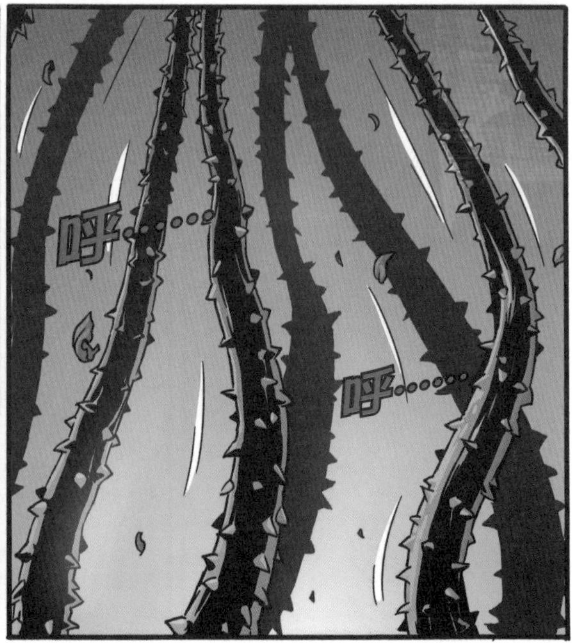
呼……
呼……

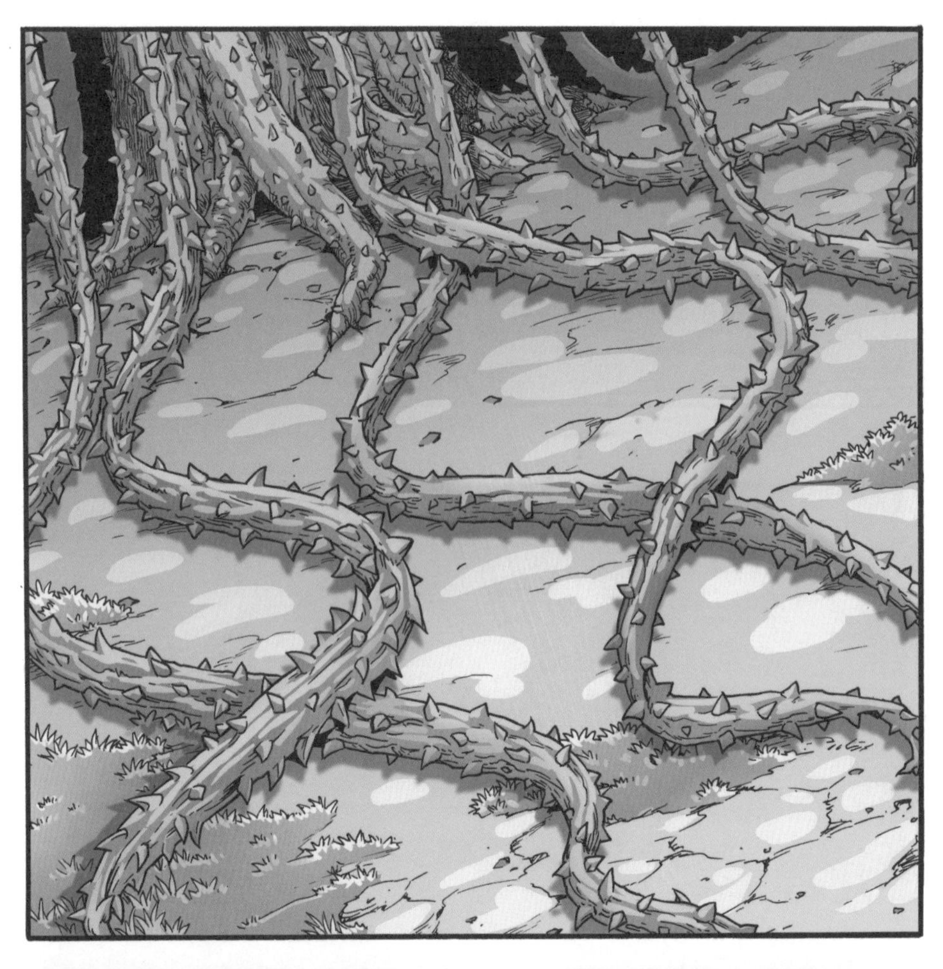

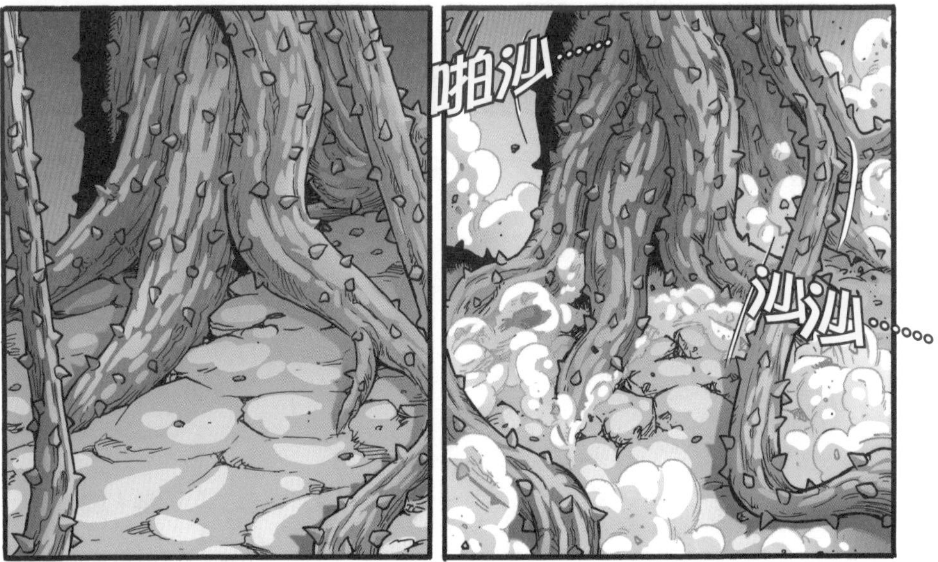
啪沙……
沙沙……

喀沙喀沙喀沙喀沙……

噠噠……

我快不
行了……
振作一點
啊！加油！

小宇，如果你
追得上我們的
話，我就把私
藏的巧克力
給你吃！

呵呵……
你私藏的巧克
力早就被我
偷吃了……
什麼？！

總之，
你千萬別停
下腳步！
呃？

難怪你們都
不會累，原來
有分身的幫
忙……

嘿嘿……
這招
我也會！

撲沙！

糟了！小宇倒下了！
什麼？！

小宇！

小宇昏過去了，這下該怎麼辦？
要是停留在這裡太危險了！

先找個視野比較廣闊的地方再說吧！

我們現在得趕緊離開這片密林！

我們就在
這大樹下休
息吧！

小宇！
小宇！
小宇快
醒醒啊！

你別再睡了，
快醒來！
搖
搖

小尚，你
這樣會把他
給搖死！
…
咚！

快起來搗蛋啊，
小宇……

小宇……

石頭，你的
腰包裡有什麼
藥物嗎？

我的腰包
在逃跑時弄
丟了……

小宇到底怎
麼了……
我們到
底還能做什
麼……

博士、戴安娜、
艾美麗……
要是你們在就
好了……

難道要眼
睜睜的看著
小宇……

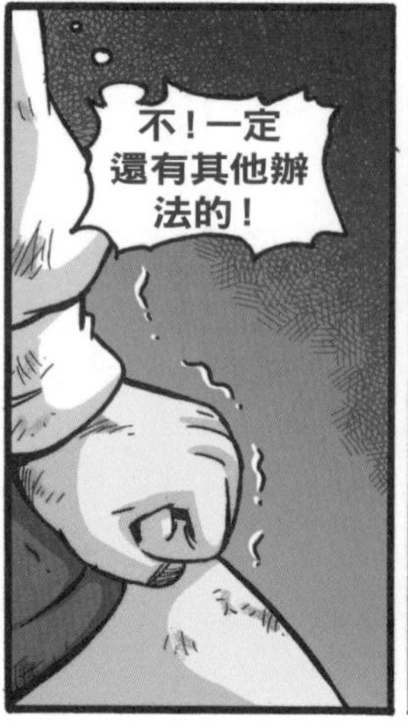
不！一定
還有其他辦
法的！

小S……

對了，
還有小S！

第一次這
麼丟臉的登
場……
你沒事吧？

嗚！
啪！

小S，你是
我們最後的希
望了！
還有，小宇的
性命就掌握在你
手中了！

小S，盡你的能
力發送信號聯絡基
地，將我們傳送
回去吧！

嘻嘻……
你們終於發現
我不是普通的
配角了吧？

好吧！
一切包在
我身上！
這種情
況還能那麼
自戀……

發送信號！
嗶！

小S加油！
小S加油！
小S你最棒了！加油！

啊！突然感覺好有壓力！
嗶嗶……

不行！完全接收不到信號……
滋……
啪！
沒用的配角！

這下我們真的求助無門了……

咦?這
是……

血?!
石頭,你
受傷了嗎?

?

不,這不
是我的血!
也不是
我的啊!難
道……

你們看小宇
的額頭！

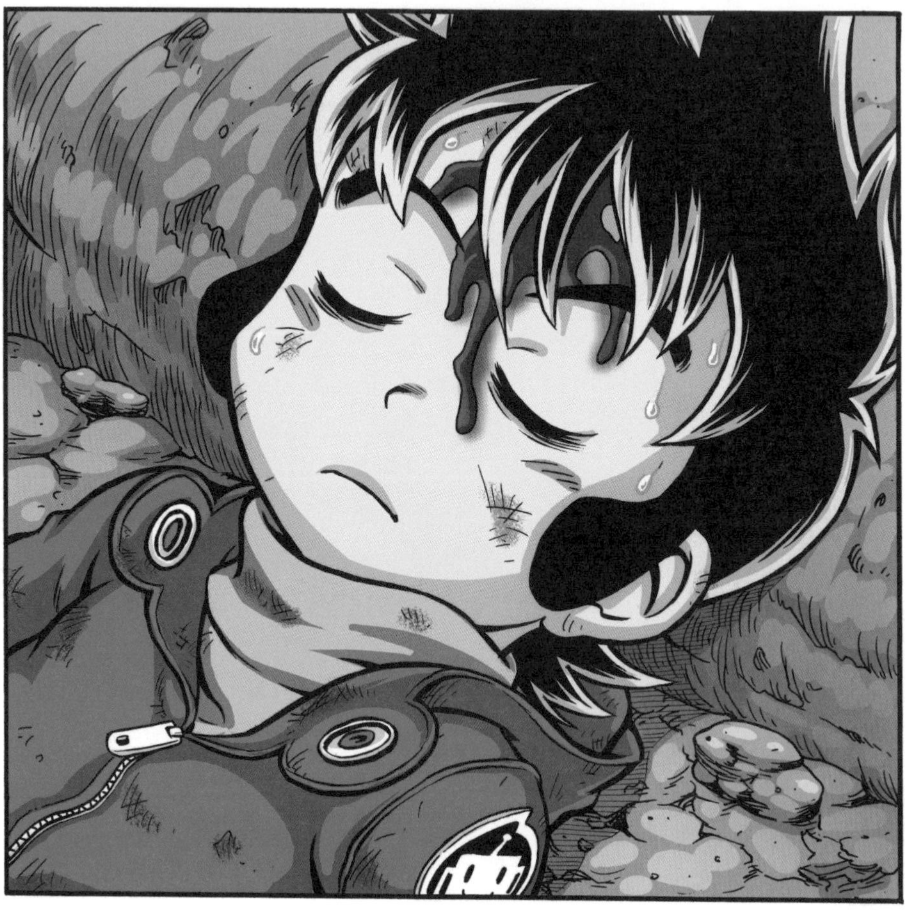

知識補給站

植物的類型

植物一般可分為兩大類，即隱花植物和顯花植物。

隱花植物

隱花植物在一生中，包括繁殖的階段都不會開花。由於它們並非透過種子，而是以孢子進行繁殖，因此又被稱作「孢子植物」。大部分的隱花植物都較為原始，例如一些藻類（藻類大多為原生生物）、苔類、蘚類、蕨類等。

蛇木　　連珠蕨　　土馬騌

顯花植物

顯花植物是地球上數量最多、最常見的植物。它們在繁殖期間會開花，並以種子進行繁殖。

狹義：指會長出真正的花，且能結成果實的被子植物。

廣義：雖然裸子植物不會結成果實，但其孢子葉所聚生而成的孢子葉球，在廣義上可視為花，因此顯花植物也泛指種子植物，即裸子植物和被子植物。

一年蓬　　鬱金香　　朱槿

為什麼植物要進行光合作用？

相較於必須從外界攝取養分的動物，植物能透過光合作用來製造成長所需的養分，這種不依賴其他生物的營養方式，讓植物成了大自然中最重要的生產者，也為其他生物提供了物質和能量。植物的光合作用大多在陽光充足的白天進行，由於過程中會吸入二氧化碳和排出氧氣，因此光合作用對地球上的碳迴圈和氧迴圈也最為重要。

在陽光的照射下，植物的細胞，尤其是含有大量葉綠體的葉肉細胞開始進行光合作用。

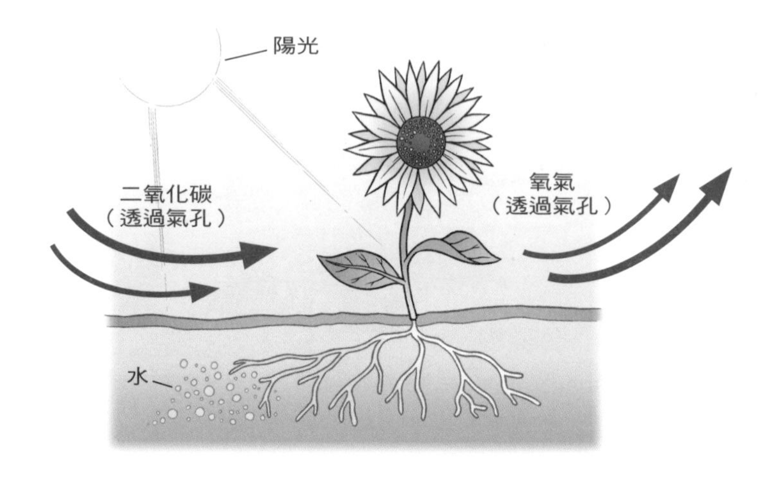

葉綠體中的葉綠素會捕捉與利用光能，然後將二氧化碳和水轉化成葡萄糖（養分）和氧氣。

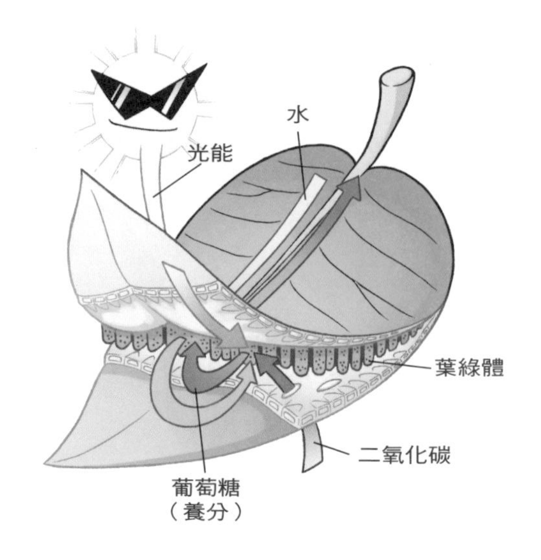

植物會呼吸嗎？

植物跟動物一樣時時刻刻都在呼吸，但植物的呼吸作用可根據其是否需要氧氣，而分為有氧呼吸和無氧呼吸。在呼吸作用下，植物細胞得以分解與釋放從光合作用中獲得的養分，以提供其生命活動所需要的能量與合成有機物的原料。此外，植物也能透過呼吸作用來提高抵抗力和維持生命。

植物會睡覺嗎？

植物確實也需要睡眠，這在植物學上稱作「睡眠運動」。大部分植物的睡眠運動都不明顯，但一些植物的花或葉子會按時開合，例如含羞草、睡蓮等。當閉合時，就代表它們進入了睡眠狀態。植物的睡眠時間與原因都不盡相同，主要跟晝夜與溫度的變化有關，也是植物自我保護的一種方法。

植物細胞

細胞是維持生命活動的基本單位，除了一些單細胞的低等植物之外，大部分植物都是由無數個細胞所構成的多細胞生物。植物細胞的基本構造為細胞壁、細胞膜、細胞質、細胞核等；其中細胞壁是植物細胞與動物細胞最主要的區別。

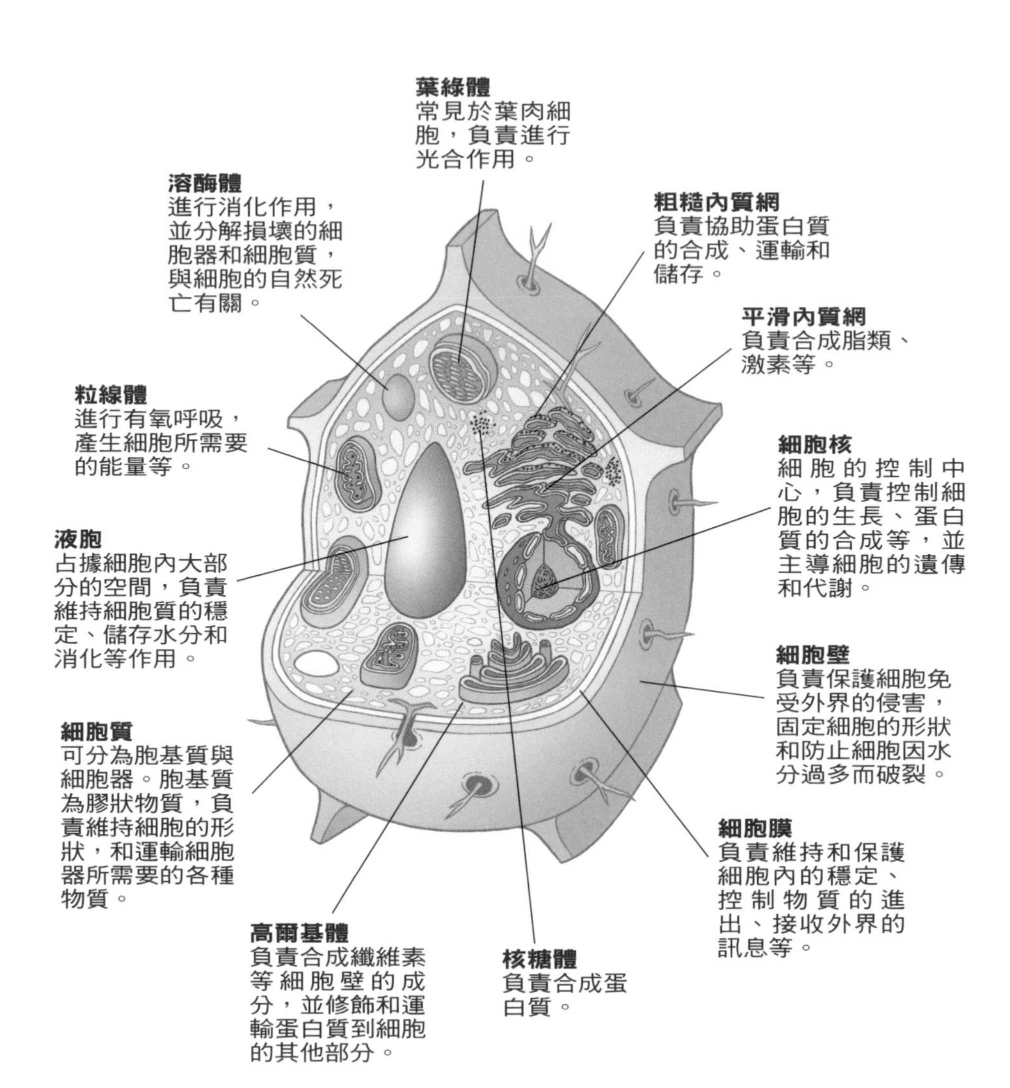

CHAPTER 2
擅自行動

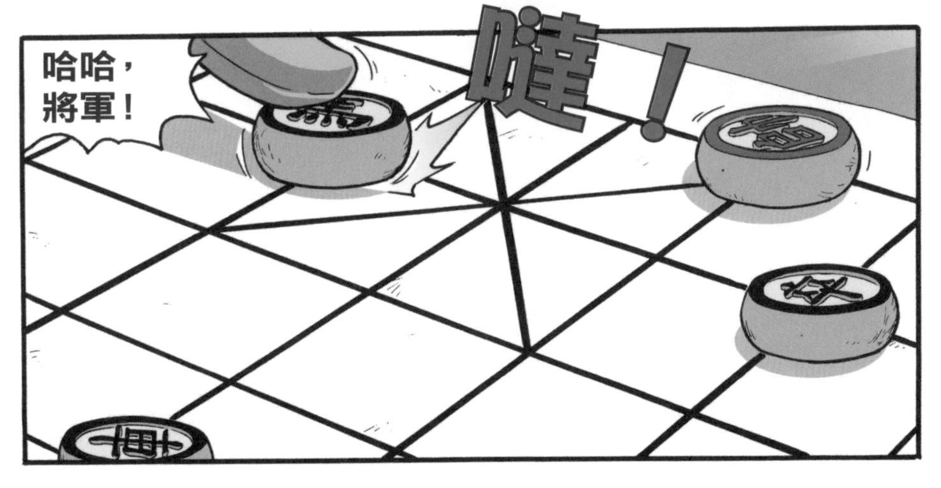

不算！
這局不算！

小宇，你已經輸了三局了，該換石頭玩了！
不要，我還沒輸！
唉，怎麼博士還沒來啊？

碰！

不好意思，我遲到了……
噠噠……

這次召集你們的原因……
是因為近期的資料顯示了……
啪嗒！

有人在亞馬遜森林裡，
嗶！
看見一種會在地面移動的蕈類

蕈類怎麼可能會走路啊？
一定是有心人散播的惡作劇吧？

蘑菇長腳，不就會走路咯？
嘻嘻嘻……

我說的是蕈類，不是蘑菇！而且沒有經過求證，怎麼可以妄下定論？！
喀

小宇的態度轉變得真快！

博士，這些都是關於蕈類的資料嗎？
沒錯！

說起來還真傷腦筋，我做了許多的查證……
這麼快就打哈欠？
我雖然還無法確認蕈類會移動，這件事的真實性……
但是，在這堆資料當中讓我開始懷疑……

博士的意
思是？

由於亞馬遜雨
林有超過40000
種植物的生態
價值……
我懷疑那可能
是因為植物種類
繁多的環境下，

導致植物授粉
過程有誤，加上
蕈類自身的基
因突變……
互相影響
而衍生了新品
種的蕈類。

呼嚕~
呼嚕~

我們突然想上廁所。

給
我
起

來！
啪！
雞腿好好吃哦……

轟
轟
轟

再不起來我就把你當成雞腿來烤！
磅！磅！
磅！
安全起見我們還是先別進去……

本來今天想
讓你們到亞馬
遜走一趟……
但目前的資料還
不是很齊全，所以
事情暫時作罷。

等我有足夠
的資料後再通
知你們。
會議到
此結束。

博士辛苦了！
哈欠~
那我們
先走了！

小尚，石頭，
接下來你們有
什麼節目？
沒耶，我
原以為今天
會有任務。

你們對移動
蕈類一事有什
麼看法嗎？
咦，要繼
續剛才的話
題嗎？
呃……我
覺得事情太不
可思議了

既然有人親
眼看見，那
未必是不可
能的事情。
小宇，那你
覺得呢？
我？

哎呀，要知
道真相，乾脆
到亞馬遜去調
查不就好了
嗎？
唔……

咦，對了！要
是我能查明事
情的真相……

小宇太棒了！我真是自歎不如啊！
啪啪！
啪啪！
小宇果然非常優秀！
啪啪！
天才！

幹麼一副陶醉的臉？看起來好欠揍。
呃？

你們先回家吧！我要到資料室找一些資料！
那好吧！

噠噠……

石頭，我們也跟上去吧？
咦？為什麼？
他最討厭密密麻麻的文字了，怎麼可能會去資料室呢？
說的也對！

我們去看看他到底在打什麼鬼主意！

還好平時有作一些準備。

咦，小宇，你還沒回去嗎？
警
衛

你……你認錯人了啦！
咻！

果然有警衛！
看我的！
清潔機
器大嬸！

閃開啦，別
妨礙我掃地！
呼~
對不起！

蒙混過
去了！

糟了！
喀喀……

粉末彈！

啪嚓！
嗚！我的
機器裝毀了！

砰！

全身粉末和白
牆合為一體
?
警
衛

又過一
關了!

最後防線
了,加油!
喀

嗚!
滑

對……
對不起!
噗!
滋

終於抵達了!
只要再用這個
通行證……
時空物件轉移機室

等等……
我明明就可以
用通行證光明正
大的進來啊……
那我剛剛
到底是在幹
麼?

可惡！這些電腦都被艾美麗設了密碼！
唯有選擇回答一百道問題來揭開密碼了。
還好平時有把艾美麗的習性記下來。

第一題
Q：誰是這世界上最美的人？
A.戴安娜
B.艾美麗
C.達文西博士
這答案也太愚蠢了吧？

第二題
Q：誰是世界上最討厭的人？
A.石頭
B.小尚
C.小宇
這題即使答對了也讓人很不爽！

第三題
Q：艾美麗的個性如何？
A.溫柔體貼
B.慈悲善良
C.樂於助人
這跟平時差太遠了吧？

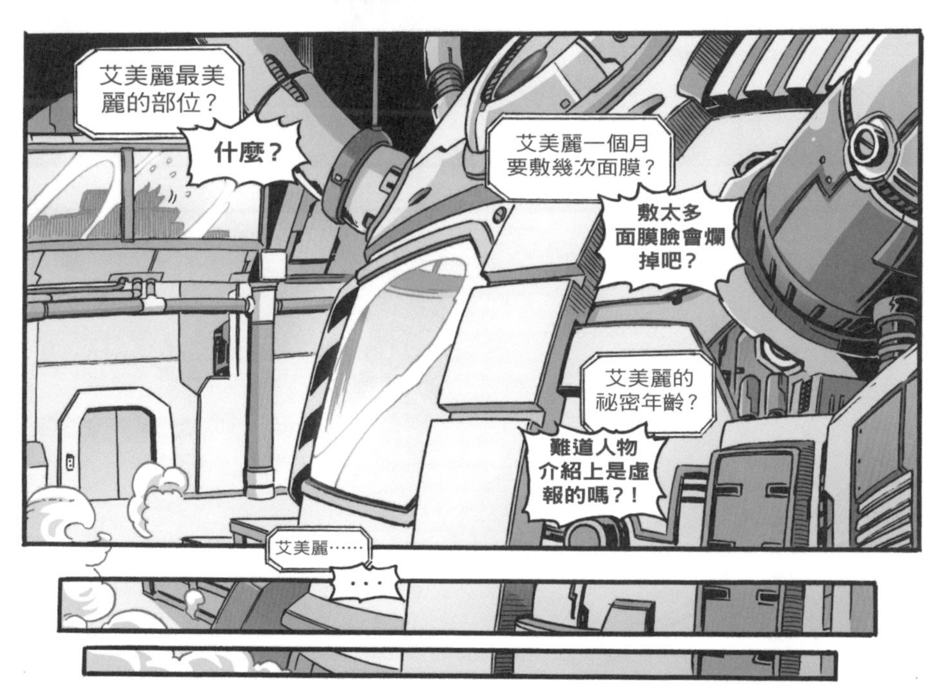
艾美麗最美麗的部位？
什麼？
艾美麗一個月要敷幾次面膜？
敷太多面膜臉會爛掉吧？
艾美麗的祕密年齡？
難道人物介紹上是虛報的嗎？！
艾美麗……
…

小宇沒有來
資料室。
咦?!
謝謝你，
打擾你了。
那我們
先走了。

?

小宇果然
沒去資料室！
我就說啊！

我們一定要
在他惹出什麼
麻煩之前找
到他！
嗯！

終於……
艾美麗的祕密
終於回答完了……

好了！
30秒後就能出發了！

等著瞧吧！我一定會成功的！

小宇會不會已經回去了？
咦，誰會在這時候用時空物件轉移機啊？
任務不是延後了嗎？

嗡嗡……

…

是小宇！

知識補給站

為什麼亞馬遜熱帶雨林被稱為「地球之肺」？

亞馬遜熱帶雨林是世界上面積最廣大的雨林，橫跨南美洲8個國家，占地球表面積約百分之五。它是成千上萬種動植物的棲息地，目前已發現的生物至少包括200萬種昆蟲、3000種魚類、40000種植物等；而龐大的植物群在為全球生命提供氧氣時，也會吸取大量二氧化碳，這有助於調節氣候及防止地球暖化，因此亞馬遜熱帶雨林被稱為「地球之肺」。

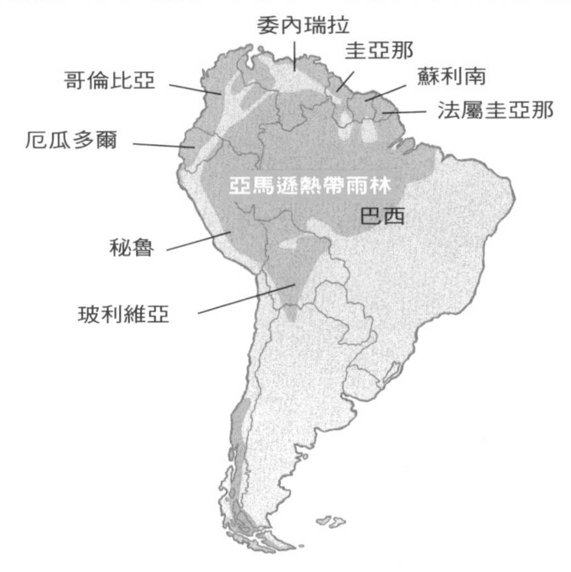

亞馬遜熱帶雨林正面臨什麼危機？

亞馬遜熱帶雨林目前面臨著面積減少的危機，最主要的原因來自於人類的破壞，例如毫無節制的砍伐樹木、畜牧、開礦、種植、建房修路等。根據專家的觀測，這片雨林的面積每年都在減少，導致許多生物物種滅絕，森林變得乾燥而容易引起火災，甚至連全球氣溫也開始上升。如果人類再不採取保護措施，估計亞馬遜熱帶雨林將會在2060年前消失。

為什麼人來到森林時會感到神清氣爽呢？

森林裡的綠色植物和溪流，除了能供應大量的氧氣、淨化空氣、阻隔噪音、調節氣候外，還會散發出「芬多精」和產生負離子，讓人感到神清氣爽。

芬多精是什麼？它對人體有害嗎？

芬多精是一種由植物根、莖、葉所散發出來的氣味，由蘇俄博士Toknh於1980年所發現。其主要功能是保護植物，以防有害的細菌入侵，是非常好的「殺菌高手」。難得的是，大多數植物所揮發的芬多精對人體並無害，反而具有消毒殺菌、消除疲勞、安定情緒等功效。

負離子與芬多精是相同的東西嗎？

負離子與芬多精並不相同，不過它們都對人體有益。負離子是一種存在水、土壤、空氣中的微粒子，它無色無味且帶電，一般可借由瀑布、噴泉、溪流的水花，或植物的光合作用及太陽的紫外線而產生。由於負離子可以幫助人體淨化血液、活化細胞、增強免疫力、安定情緒等，因此也被稱為「空氣維他命」。

CHAPTER 3

蕈類的迷幻術

怎麼辦？
我們要告訴
博士嗎？

要是讓博士知道
了，恐怕我們也會
有池魚之殃……

小宇你罪
該萬死！
小尚和石頭
沒及時阻止
小宇……
呼啪!!
同樣罪不
可恕！

哇，千萬不
能告訴博士！
現在只剩下
一個辦法了！

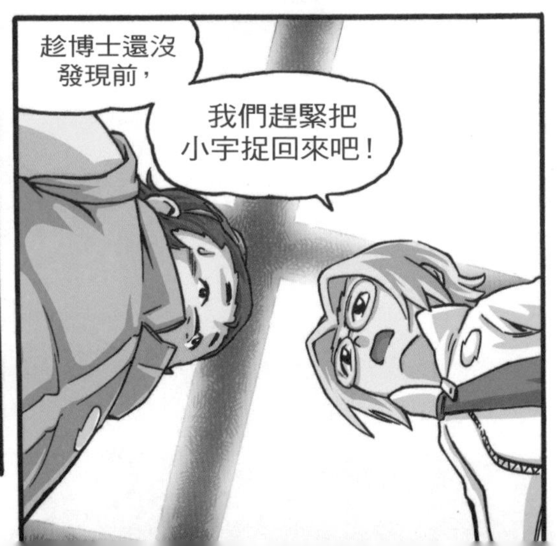
趁博士還沒
發現前，
我們趕緊把
小宇捉回來吧！

亞馬遜

光……
光……

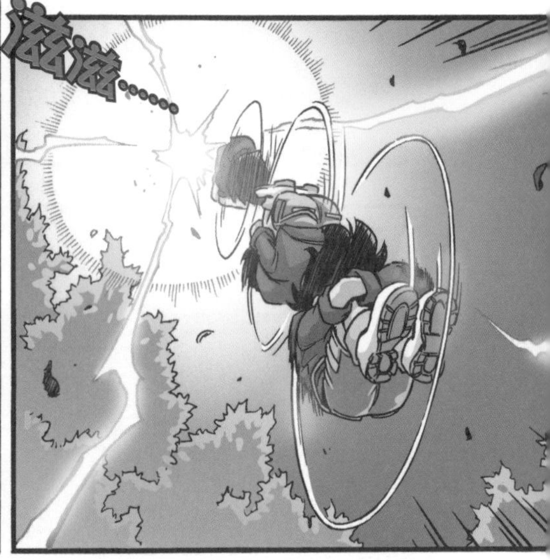
滋滋……

完美著地！
噠！

我真是帥呆了！
好了，開始尋找博士說的蘑菇吧！

有沒有會
移動的蘑
菇啊？
沙……
有沒有
會移動的蘑
菇啊？
沙……
沙……
有沒有長腳
的蘑菇啊？

不行，這樣
下去我會
累死……
呼~
果然長腳
的蘑菇不容
易找。
誤人子弟
不如一邊
摸索一邊慢
慢找好了。

?

不得了！竟然
被我發現會發
光的植物！

啊！植物怎
麼會長出小尚
的頭？
滋……

哇啊啊
啊啊啊啊啊！
啪啦！
怎麼會是你們？！
應該是我問你才對！誰叫你擅自執行任務？！
石頭你走開！我快被你壓死了！
啊，對不起！

你會連累我們和你一起被處罰的！
要是讓博士知道了，下場可是很慘的！
我……我只是想讓任務早點完成……

總之，現在我們一定要回去！

那個……有誰控制轉移機讓我們回去嗎？

我完全沒有想到這一點！
為什麼你會比我先想到這點？
謝謝……
我不是在誇獎你！
你們別再吵了……

事到如今，我們乾脆住下來吧！
別開玩笑了！

又怎麼了？
噓……

我好像看見會移動的植物了……
真的嗎？在哪裡啊？

那裡！

滾動……

真的在移動啊！
這下總算能給博士一個交代了！

咦？原來這只是一堆乾草？
不，這是「卷柏」。
卷柏？

對，卷柏也被稱為「會走路的草」。

太好了！
這下達成任務了！

不不不，這個還不算！
為什麼？

卷柏又
名「九死還
魂草」，

雖然它看起來
像是在走路，
但其實並
非卷柏自己在
操控移動。

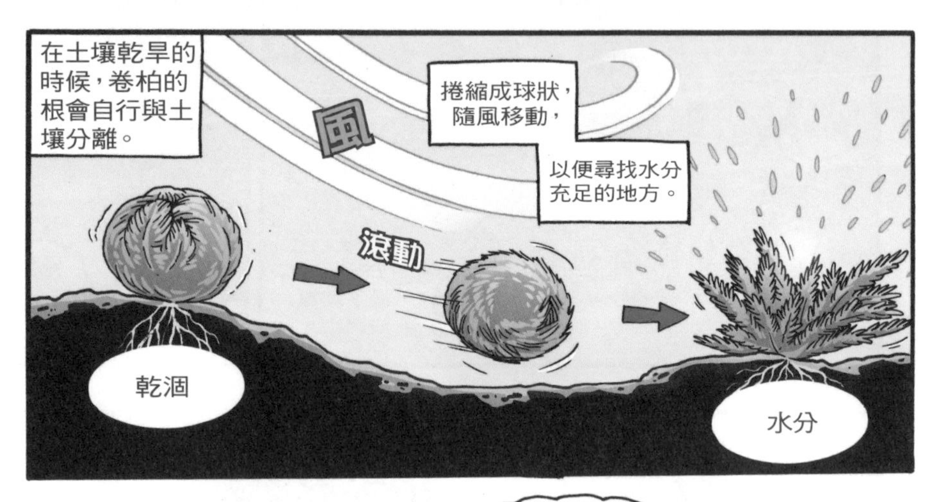
在土壤乾旱的
時候，卷柏的
根會自行與土
壤分離。
捲縮成球狀，
隨風移動，
以便尋找水分
充足的地方。
風
滾動
乾涸
水分

所以，這根
本不是我們要
尋找的目標。

小尚，那你的
意思是，達成任務
後才回到基地嗎？
你認為我
還有別的選
擇嗎？
好啦，
別再吵了！

蕈類通常都長
在松樹或陰暗潮
濕的草地上。
這對它們的
生長環境非常
有利。

我們就從
這些地方開
始尋找吧。
由於我們事
先沒準備任何
的道具，

因此在天黑
前我們必須找
到目標……
然後再
回到基地接
受博士的懲
罰……
小尚好可
怕……

放心吧！
我們一定會找
到的！
開始作戰！
這時候還能
那麼開心……

沙……
沙……

等等！
我們這樣找太浪費時間了！

看我的吧！
？

找到了！

小宇，你在搞什麼？
找蘑菇啊！
噠！

根據調查，全世界會發光的蘑菇共有七種……
是七十種才對！
所以透過它們發光的形態就能找到其位置了。

如果剛巧是沒有發光的蕈類怎麼辦？
你別打岔我的話啦！
真的有光耶，快看看裡面！

好多蘑菇！

可是，它們真的會移動嗎？

把它摘下來就知道了！
小宇，等一下！

那可能是有毒的蕈類，千萬別用手去觸碰！

我們用樹枝戳一戳就好了。

呼……

呼呼……

哇啊！蘑菇在放屁嗎？
蕈類逃走了！

那是……蕈類的孢子？

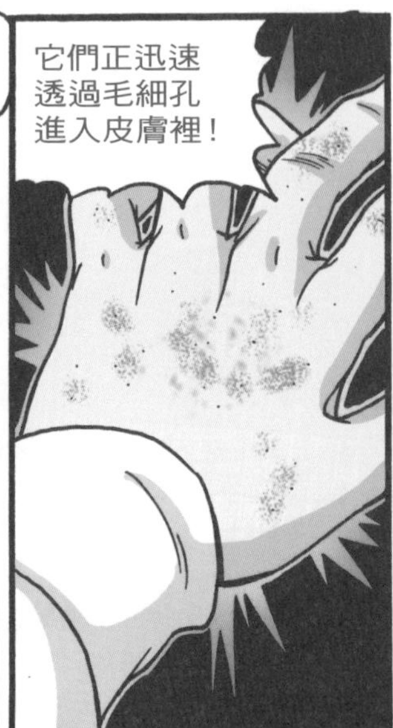
它們正迅速透過毛細孔進入皮膚裡！

嗚……我的頭好痛……
小宇怎麼了？

我的頭也
很痛⋯⋯
我也是⋯⋯

?!!

這⋯⋯
這是什麼？
咕⋯⋯
咕咕⋯⋯

快逃啊！
咻！
呼啪！

呼呼
哇啊啊啊 !!

樹都變成
妖怪了！
為什麼
會這樣！
別管了！
快逃啊！
噠噠噠……
噠噠噠……

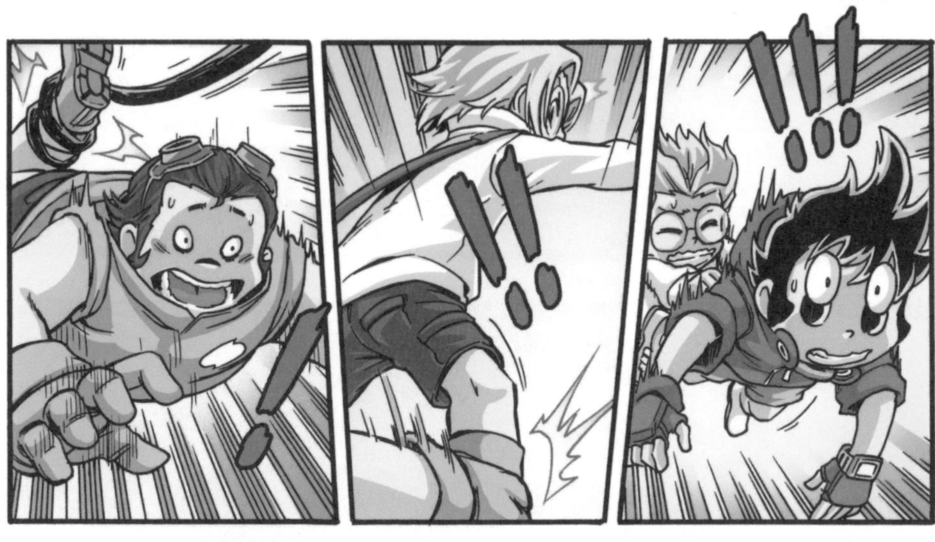

小尚，你幹麼
把我絆倒？
是石頭先
把我絆倒的。
對……
對不起。

救命啊！
放開我！
不要吃
我啊！！

你們快看！

沙
喀
沙

來了一棵
更高大的樹！

知識補給站

真菌是什麼？

真菌不屬於動物和植物，而是獨立成一界的生物。由於它沒有可幫助製造食物的葉綠素，因此大多寄生在其他生物或落葉、排泄物、斷枝等，靠吸取他們的營養為生。真菌一般分為三類，即蕈菌（通稱菇類）、黴菌和酵母菌。

奇特的菌類

會致命的毒鵝膏
別名「死亡帽」，是最毒的蕈類之一，單吃半個菌傘就足以致命。

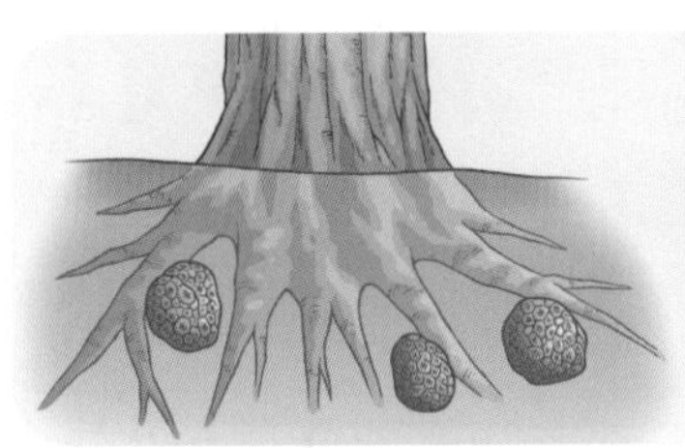

長在地底的黑孢塊菌
別名「松露」，一般生長在橡樹根下20厘米處。氣味芬芳且營養豐富，適合用於烹調料理。

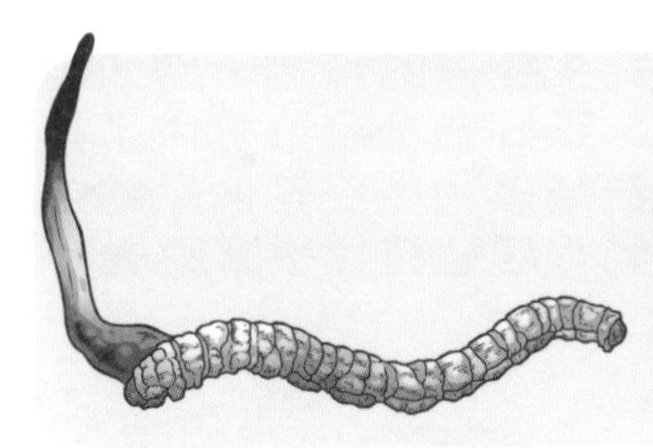

像蟲又像草的冬蟲夏草
一種寄生在昆蟲體內的菌類。冬天，菌絲逐漸占據蟲體內部，並吸收蟲的養分；直到夏天時，蟲體僅剩外皮，而內部的菌絲體（菌核）會從蟲體頭部長出一株像草般的菌座，以散播孢子。

會發光發亮的螢光小菇
喜歡高溫濕潤的環境，一般生長於多雨的夏季。菌傘會在夜晚發出綠光，而發光原因有可能是為了吸引夜間動物、昆蟲前來幫助傳播孢子。

在植物界裡，共生關係是指什麼？

親蟻植物是什麼？

在自然界裡，與植物具有最密切關係的生物就是昆蟲，其中以螞蟻最多。而親蟻植物就是指跟特定蟻類有共生關係的植物，例如蟻樹、藤、刺槐等。其莖部或根部一般都呈中空，正好為螞蟻群提供了棲息地。反之，螞蟻群為了保衛家園，則會保護親蟻植物免受其他動物或昆蟲的侵害，甚至會破壞附近的植物，以防他們跟親蟻植物爭奪陽光和土壤裡的養分。

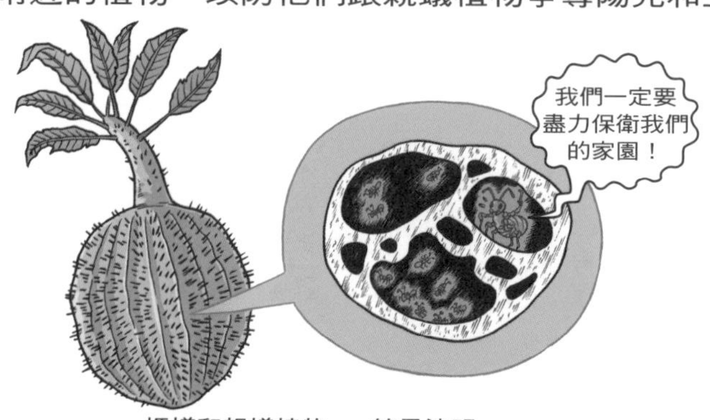

螞蟻和親蟻植物——節果決明

CHAPTER 4

屍臭植物

咻嚓！

哎呀！！
好痛！
它……
它又來了！
咻……

呼！
快爬上
掩護我們
的大樹！
呼啪！
呼啪！

大樹你要
加油！
小宇你動作
快一點啦！
我盡力了！
啪！

我的頭又開
始痛了……
真的好痛
啊……

咦……妖樹怎麼
會褪色了？

樹……
恢復原狀
了……

!!

啊~
救命啊!!
我以為會
摔死呢……
小宇……
你在幹什麼啊?

啊啊!

現在已經是
我們來到雨林
的第二天了!
為什麼我
們會在樹上睡
著了呢?
幸好大家
都平安無事!

究竟昨晚
遇見的妖樹是
怎麼回事?
嗟!

那應該是蕈類
的孢子讓我們產
生了幻覺。
什……
什麼?

我們不能繼續
待在這裡了,馬
上回基地吧!
趕緊發
送信號聯絡
博士。

唔……

不行，這裡發送不了信號。
我的也不行。

信號應該是被密林給遮擋了。
我們趕緊走出這片密林吧！

走吧！
……
呼……

這些樹會不會再次移動？

好可怕……

哇，好特別的植物！
這是捕蠅草啊！
捕蠅草是世界上所有肉食植物中最有名的品種。
它那兩片長刺的葉子上布滿很多細絨毛，可以感知任何昆蟲和蛛形綱動物。
它的葉子合攏的速度不超過一秒鐘。
根本就是昆蟲的陷阱！
如果昆蟲變得聰明一點，
它不就餓死了嗎？

呼咔！
啊啊啊啊啊!!!
不會吧？這真的是捕蠅草？
合攏的速度太不合邏輯了吧？
簡直就是怪物！

太可怕了！我們趕快離開這裡！

呼……

我們到底走了
多久啊？怎麼看
起來在同一個地
方打轉似的？
地圖上所顯示
的跟實地也差太
遠了吧？

現在該怎麼
辦才好呢？

等等！我們腳
下一直都有這條
小徑嗎？

這小徑有什麼
問題嗎？
或許這是經常
有人行走才會形
成的小徑吧？
這樣的密林
會有人路過嗎？

目前我們已看見會移動的蘑菇和凶猛的捕蠅草……
這密林裡說不定還有很多會移動的植物……

要是這些植物做了一條沒有出口的小徑，
在焦慮的情況下，我們便無意識的沿著小徑走……
這也就是我們無法走出這片密林的原因了。
難道這些植物都有智慧與思考能力？
目前這只是猜測。
我明白了！只要我們不沿著小徑走，就一定能走出這裡！

那我們出發吧！
沙沙……
等等，小宇！這樣太危險了！

哇啊！
啪沙……

小宇，你
沒事吧？

大王花！
大王花是世界上最
怪異、體積最大的
花種。它的直徑可
達1.4公尺，重量約
10公斤。
大王花的外表像
鐵鏽般的顏色，
外層有許多茂密
的白色斑紋。
聞起來還有一股
濃烈的腐臭味。

救……救命啊！我快被臭死了！
小宇！你別靠近我們！
臭……

對了，我可以用其他的花香來掩飾這股臭味……

小宇想幹什麼？
花……
他好像在找什麼似的……

哇哈哈，終於被我找到了……

小宇到底怎麼了？

嗚哇哇哇！

又怎麼了？！
屍花！
屍花一般高約3公尺，在開花的季節，會散發一股屍臭般的難聞氣味，以吸引蠅蟲前來為其授粉。
為什麼這麼大的花竟然是臭的？！

超臭的……
看來全世界最臭的植物都聚集在這裡了。

噠！

?

…
一堆蠅蟲被小宇身上的臭味吸引過來了。

嗡
嗡

不只是蠅蟲，
其他昆蟲也被吸
引過來了！
隱翅蟲
小宇，
快跑啊！
嗡……
嗡……
埋葬蟲
斑翅蠍蛉

哇！好
像有東西在
咬我！
嗡……
我們幫不
了你啦！

小尚，石頭，
快救救我啊！
我們幫
不了你啦！
小宇，你
快跳進水池
裡啊！
嗡……
嗡……
噠噠噠……

密林裡哪來的水池啊？
你自己去找找看吧！
那是……
我有辦法了！快跟著我們！
知道了！
噠噠噠……

快躲進這些草堆裡！
你是在開玩笑嗎？
照我的話去做就對了！

嗡嗡……
喝啊！！
沙沙……
蟲真的沒跟來了！
沙……
這果然是檸檬香茅！
得救了……
它具有鎮靜的效果，
也可以拿來驅蟲。

哇，這草果然有香味呢！
不過小宇你還是很臭……
～退

為什麼有些植物以昆蟲為食？

這些以昆蟲為食的植物，統稱為食蟲植物或食肉植物。由於他們都生長在較貧瘠的環境，例如沼澤地、平原、丘陵、高山等，因此為了獲取充足的養分，便逐漸發展出特殊的捕食器官，以獵捕四周的昆蟲為食。

食蟲植物

豬籠草
生長環境：熱帶森林
捕食器官：捕蟲囊
捕蟲方式：昆蟲被蜜汁的香氣吸引，而靠近瓶狀的捕蟲囊。由於囊口的邊緣和內壁很光滑，因此昆蟲很容易就掉入盛著消化液的囊底，繼而被溺死和消化，再分解為養分。
★豬籠草的捕食器是所有食蟲植物中最精密的。

捕蠅草
生長環境：沼澤地、高山岩壁
捕食器官：捕捉葉
捕蟲方式：以分泌蜜汁和散發香氣來吸引昆蟲靠近，一旦昆蟲碰觸到葉片上的刺毛，原本敞開成兩瓣的葉片就會迅速閉合，再分泌消化液把緊緊被夾住的昆蟲分解掉。
★消化液呈弱酸性，內含有蛋白酶，可將昆蟲的蛋白質分解成以氮、氧、碳、氫等元素為主的氨基酸（養分）。

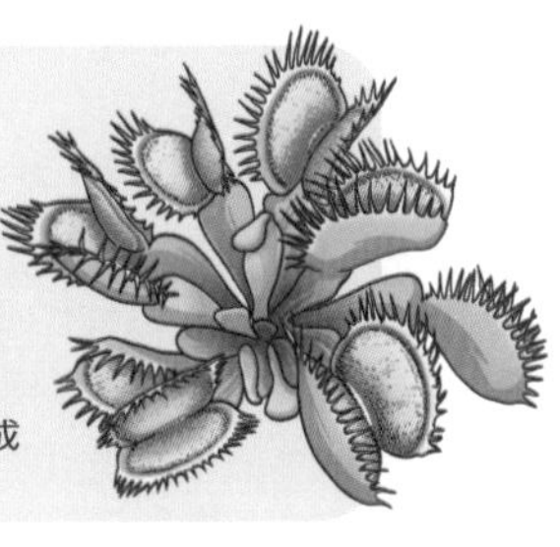

捕蟲堇
生長環境：沼澤地
捕食器官：葉片
捕蟲方式：長得像花朵的葉片會分泌氣味吸引昆蟲，一旦昆蟲停留在葉片時，就會被葉面的消化液黏捕並消化吸收。有些品種的葉緣會向內捲將昆蟲包住，再分泌消化液把它消化、分解。
★捕蟲堇大多長有花，有助於招引昆蟲。

毛氈苔
生長環境：高山的岩壁石縫、草地
捕食器官：葉片
捕蟲方式：圓形的葉片長有上百根腺毛。這些腺毛會分泌出有氣味的黏液，借此引來昆蟲靠近葉片，再黏捕他們，然後分泌消化液消化、分解。
★毛氈苔的腺毛尖端有像露珠般的小球體，那是腺毛分泌而出的黏液，會散發特殊的氣味。

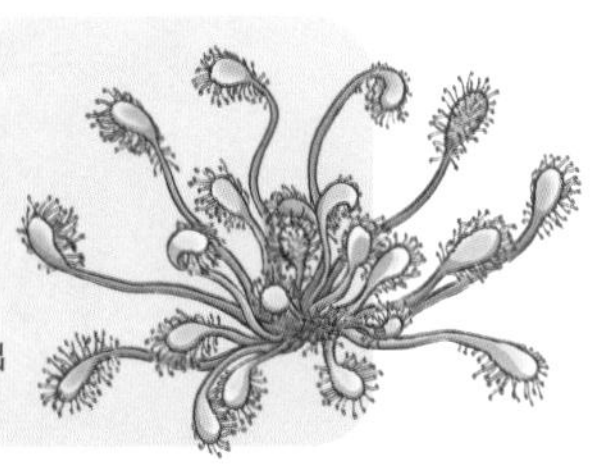

為什麼植物要選擇開花的時間？

由於植物對溫度和水分都很敏感，因此為了適應自然環境的變化，便會選擇適宜的時候開花結果。

牽牛花只在清晨開放，一到中午就閉合起來，那是因為清晨的空氣濕潤且陽光較柔和，可避免花瓣裡的水分被快速蒸散。

植物也會根據傳粉媒介的不同而配合開花時間，例如夜來香需靠蛾來傳粉，便選擇夜間開放。

為什麼有些花具有香味？

大多有香味的花，其花瓣裡都含有一種會分泌芳香油的油細胞，當花開的時候，芳香油就會隨著水分的蒸發而散發出陣陣香氣。還有一些花，雖然沒有油細胞，但是其花細胞在新陳代謝的過程中，也會製造出芳香油；或是透過一種無味的物質——配糖體，在分解後散發香氣。

植物有雄雌之分嗎？

有。一般我們都是以植物的生殖器官，即花和果實來辨別其性別。以花為例，雄性花具有由花葯和花絲所組成的雄蕊，其中花葯內有千千萬萬的花粉；而雌性花則具有由柱頭、花柱和子房所組成的雌蕊，其中子房就是孕育胚胎的地方。

花的構造圖

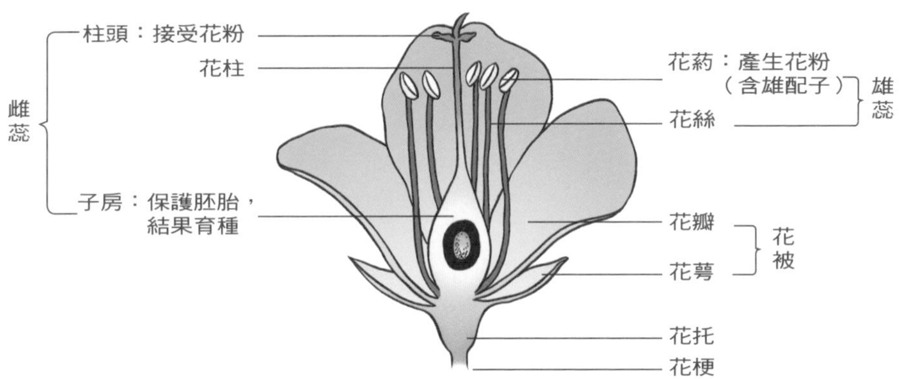

植物一般可分為：

雌雄異花同株植物
雄、雌花分開，但長在同一株植物體。
例如：玉米

雌雄異株植物
雄、雌花各長在不同的植物體。
例如：銀杏（俗稱白果）

雌雄同花植物
同一朵花具有雄、雌蕊，這種花也被稱為兩性花。
例如：小麥

所有植物都有根嗎？

根是植物最重要的營養器官之一，除了一些只有假根（外形像根，但只有部分根的功能）或沒有根的低等植物之外，大部分高等植物都有根。一般的根都具有吸收水分與無機鹽、輸導、貯藏有機物質、支援植物，甚至繁殖的功能。而當植物失去了根，往往就會死亡。

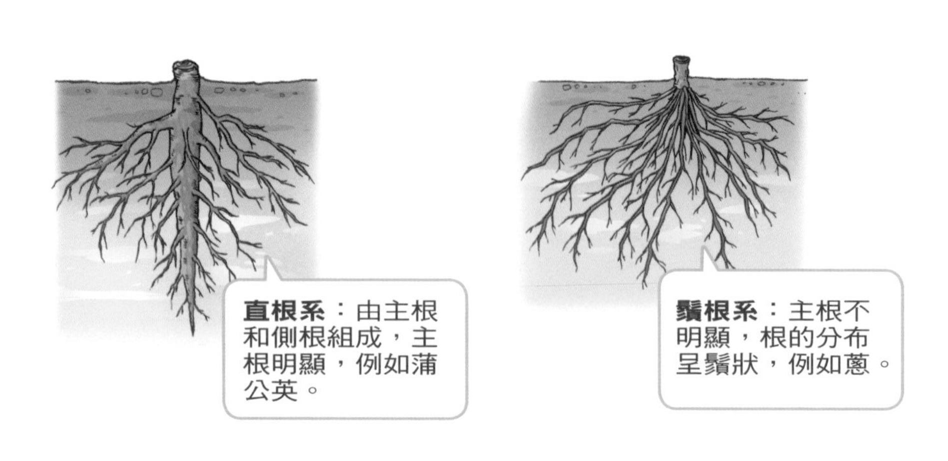

根都長在地下嗎？

植物的根並非都長在地下。一些植物受環境的影響，根發生了變態，例如垂懸於空氣中的氣生根、寄生在其他植物體上的寄生根、攀附其他物體的攀緣根、露出地面或水面的呼吸根、長在水中的水生根等。

CHAPTER 5

害羞的含羞草

老實說，我也餓了……
小尚，不如我們先找點吃的……
不行，我們得儘快離開這裡！
咕嚕

好吧，我們先找點吃的吧！
但是仍要繼續發送信號！

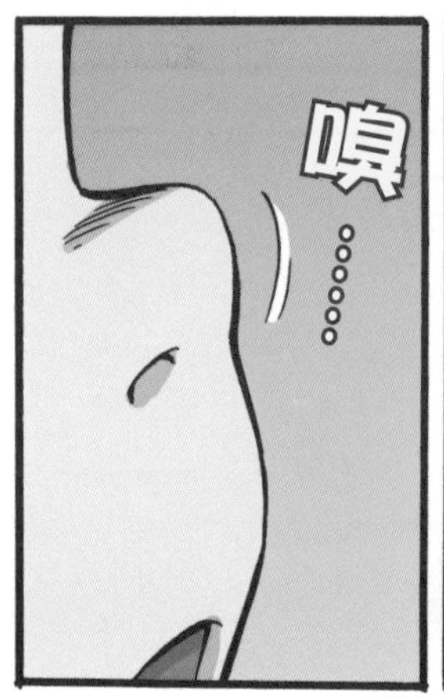
嗅……

你們有聞到嗎？
是果香味哪！
這味道好熟悉！

好多
榴槤啊！
可以飽
餐一頓了！
我馬上
去摘！
嗚哇！
砰
!!

怎……怎麼
會這樣！？
啪噠！

石頭，你剛……
剛是被榴槤樹打
飛的嗎？
沙
榴槤樹朝
我們這邊來
了……
沙

沙
沙
它……它
想怎樣！？
砰！

咻——
喀沙
哇啊!!
糟了，小尚他……
他被榴槤樹包圍了！
石頭，你身上有什麼道具碼？
我要去救他！
我只有一把匕首！

對於那些妖樹，匕首應該起不了什麼作用！
那怎麼辦呢……
那……那是剛被刮下的樹皮嗎？

就用它吧！
噠噠……

哇！！
啪沙！

小尚，你要
撐著啊！

啪！
啪！
啪！

小尚，
快逃啊！
小宇……

小心後面！

喀沙！

完……
完了……

我發誓以後再也不吃你們了……
呼……
求求你放過我們吧！

咻……

碰沙！
啊啊啊啊啊！！！
伏！
伏！

噗！
啪！

小宇，小尚，你們也被扔來這裡了嗎？
是上次的大樹救了我們……
大樹怎麼會在這時候出現呢？

可是，大樹不是我們上次的幻覺嗎？
我也不曉得……

好痛！
可惡，手被含羞草刺到！

你竟敢激怒我！
噠！

以大欺小……

小宇，你的
腳都被含羞
草刺傷了。
這點小傷
算什麼？
含羞草體內的
含羞草鹼是一
種有毒物質。
不管是動物還
是人體過度接觸
後，都會使毛髮
脫落。
別管他，我
們去找能發送信
號的地方吧。
咦？！

大家好，
我剛從少林
寺回來。

你怎麼不早
點告訴我？！
呼……

糟了！！
怎麼了？！

糟了，我的電腦被撞壞了！
沒關係啦。

反正它也幫不了我們。
……
小宇，小尚……

石頭，你該不會是想吃樹皮吧？
不！這棵樹……

這……這……
？

這特別的葉子……
難道就是……

普陀鵝耳櫪！！
普陀鵝耳櫪？
哈哈哈，
看來你是餓
昏頭了吧！

普陀鵝耳櫪
是中國特有的植
物，僅見於浙江
的舟山群島。
目前全世界野生
的普陀鵝耳櫪僅剩
一株在普陀山上。

如果說亞馬遜
有普陀鵝耳櫪
，這簡直是天
方夜譚！
可是……
小尚，你若是
不服輸的話，我
們就讓小S來鑑
定吧！
伏！

鏘鏘！
小S登場！
啪！
別再浪費
時間耍酷了，
快去掃描！
別這樣說
嘛，我的登場
畫面已經少得
可憐了！
你怎麼可以對我
那麼刻薄……
嗚嗚……
你不要掃
描的話就給
我回來！

我去就
是了！
沒良心
的小宇！

掃描
掃描

嗯，已經有答案了。
這棵的確是普陀鵝耳櫪！
NO！！！
YES！！！

難道這是全世界第二株野生的普陀鵝耳櫪？這可是重大的發現啊！
我們可以向全世界發表我們所發現的第二株普陀鵝耳櫪！
這回我們可以揚名世界啦！
慢著，我覺得整件事情太不可思議了……
以往這麼多學者探險亞馬遜熱帶雨林，都沒有人發現過這一株普陀鵝耳櫪，這不就證明了……

從來都沒有
人踏足過我們
現在所在的
區域……
轟！
或者，進入
了這片區域
的人……
都沒辦法
離開這個地
方……

我們……
能不能活著
離開還是一
個未知數！

沙沙……
晚上
沙沙……

沙沙……

小尚，石頭，
你們在想什麼？

…

我們可是X探險特攻隊，絕不能輕易的被惡劣的環境所擊敗！
我們一定能從這片妖樹雨林回到基地！

沒錯！
說得好！
哼！

好吧，我們先來討論回到基地後最想做的第一件事！
石頭，你先說！

回去後……我一定要大吃一頓！
咕嚕
現在說吃的可是會讓大家很痛苦！
咕嚕
咕嚕
好餓……好累……好冷啊……

知識補給站

植物如何自我保護？

植物不像動物可以對外界的侵害做出迅速的反應來進行自我防衛，所以只好仰賴自身的特點來回避侵害。植物界最常見的自衛方式是利用鮮豔的保護色，警告前來侵襲的動物自己不好惹；也有的植物會在外層長出尖刺，讓侵害者無從下手；此外，也有植物會發出惡臭，甚至是產生劇毒來阻嚇外來的侵害。

除了榴槤，還有哪些植物會長刺？

長刺的植物還真不少呢，其中知名度最高的帶刺植物就屬玫瑰了吧！

木棉的樹幹上密密麻麻的尖刺，見了叫人起雞皮疙瘩。

食茱萸連嫩枝上都有尖銳的刺，因此有「鳥不踏」的稱號。

植物的毒會致命嗎？

大多數含有毒性的植物雖然會造成接觸者皮膚痛、癢，或使誤食者噁心、嘔吐，但是基本上還不至於致命。然而，植物界當中，仍隱藏了不少含有劇毒的殺手。

在馬來西亞常見的海檬果，也屬於夾竹桃科，雖然果實看起來好像水果，但其實含有劇毒，絕對不可食用。

顛茄雖然有個「茄」字，可是完全不能吃，它的毒性竟然跟蝮蛇差不多。

小巧的蓖麻子，可以在幾分鐘內毒死一個成年人。

可以用來製藥的曼陀羅含有劇毒，使用不慎誤食，就會導致喪命。

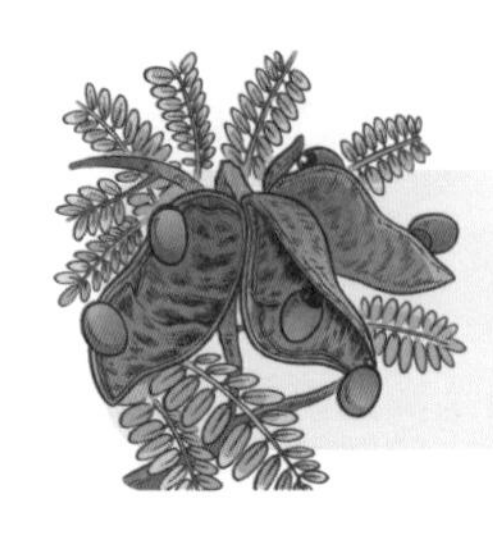

相思豆看起來像紅豆，嚼食下去是會有生命危險的。

為什麼碰到含羞草，它的葉子就會合攏起來？

含羞草的葉枕部分有敏感的感應細胞，當含羞草接受到外界的刺激時，便會即時產生感性運動。這時，原本在葉枕內側充滿水分的細胞，會釋出水分，使葉枕外側的細胞把葉子向上豎起，進而合攏起來。刺激消除後，細胞重新吸收水分，葉子就恢復張開的原狀了。

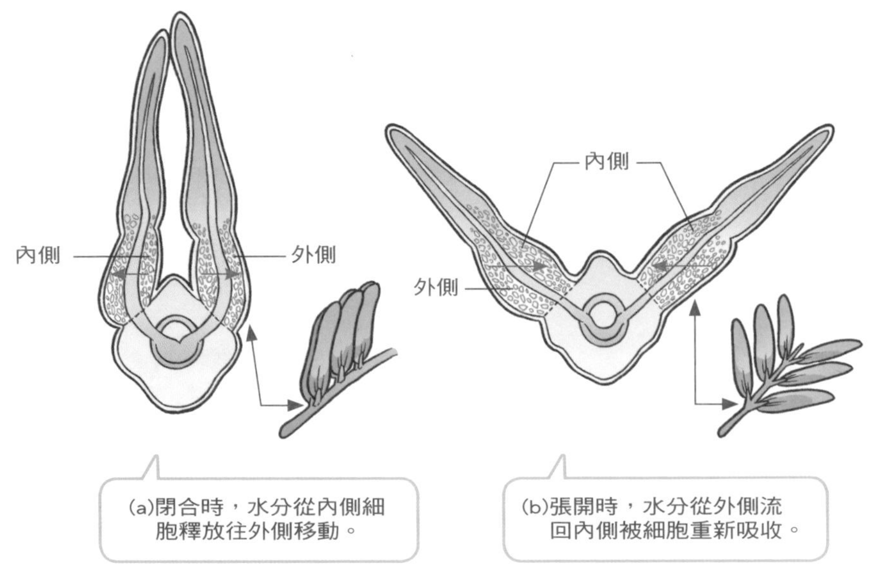

含羞草收攏葉片的目的是什麼？

含羞草源自經常發生狂風暴雨的巴西，因此它的這個特性，使它碰到第一滴雨水就立即把葉片收攏起來，從而能避免接下來狂風暴雨的摧殘。

含羞草可以在室內種植嗎？

含羞草含有含羞草鹼，是一種毒性胺基酸，具有少量毒性，不可以單獨服用，需配合其他藥物一併使用。尤其是在畜牧業上，誤食含羞草容易引起動物疾病，其中最常見的是，耕牛誤食無刺含羞草而引起的中毒，且一般好發於冬季。耕牛中毒後會出現精神沉鬱、磨牙、喘氣、呼吸困難、水腫等症狀。此外，由於含羞草鹼的緣故，人或駱駝、馬食用含羞草也會引起毛髮脫落，因此不宜在室內種植含羞草。

CHAPTER 6

詭異的雨林

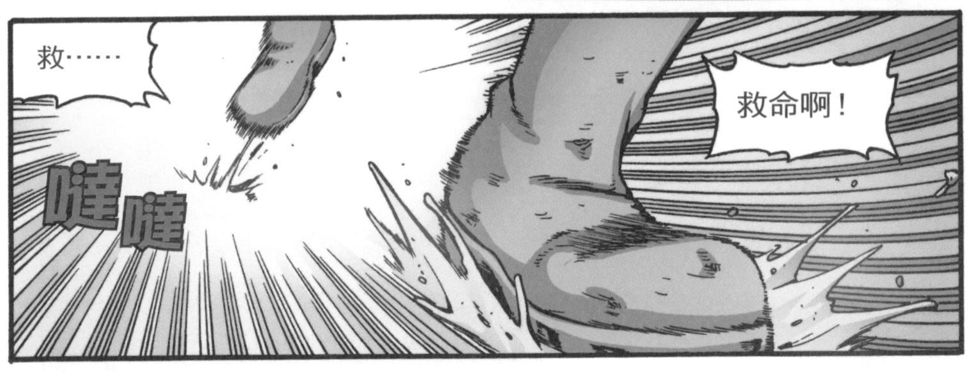

石頭，那是
我的腳啊！
好餓……

好險……我
的腳差點被
啃掉了……
已經
天亮了。

今天已經是
第三天了。
小宇？

小宇，你在
做什麼？
你們太
大聲了！

你們看那棵樹
長得不高大，即
使會攻擊人也
不怕！
到底是
什麼樹？
在哪？

我在書本上看過，那是假葉樹。它的葉子並不是真正的葉子，雖然顏色、形狀和正常的葉子十分相像，其實那是呈扁狀的枝條。
噢！難怪它的花和果實都長在葉片上，原來那是「假葉」啊！
它的果實應該很美味吧？

雖然不知道那是什麼味道，
但確定是無毒的植物。

還等什麼？快行動吧！

呼！

!!
嚓

啊？！它的葉子……

剛才忘了說，「假葉」的頂端長著的細刺，一不小心就會穿破皮膚。
那些刺很尖利，應該能殺死人！
不會吧？
現在不是討論這些的時候！

我們被假葉樹包圍了！
沙⋯⋯
沙⋯⋯

快逃啊！
咻咻！

嗚啊！
噠噠噠！！

身體被割傷了！
嚓！
嚓！
可惡，它們全都窮追不捨！
糟了！前面是懸崖！！

怎麼辦？
假葉樹快追
上來了！
摔下去
會死人吧？
完了！
咻咻……
嗚……
哇啊啊！！
小尚？
嚓！嚓！
小心啊！！

啊啊啊啊！

嗚！！
噠！
噠！
啊啊！！
喀喀喀喀喀喀
我們掉在樹上了？
小尚和石頭昏過去了……
怎麼這樹一直在傾斜？
嗚！
喀啪！
我快死了……

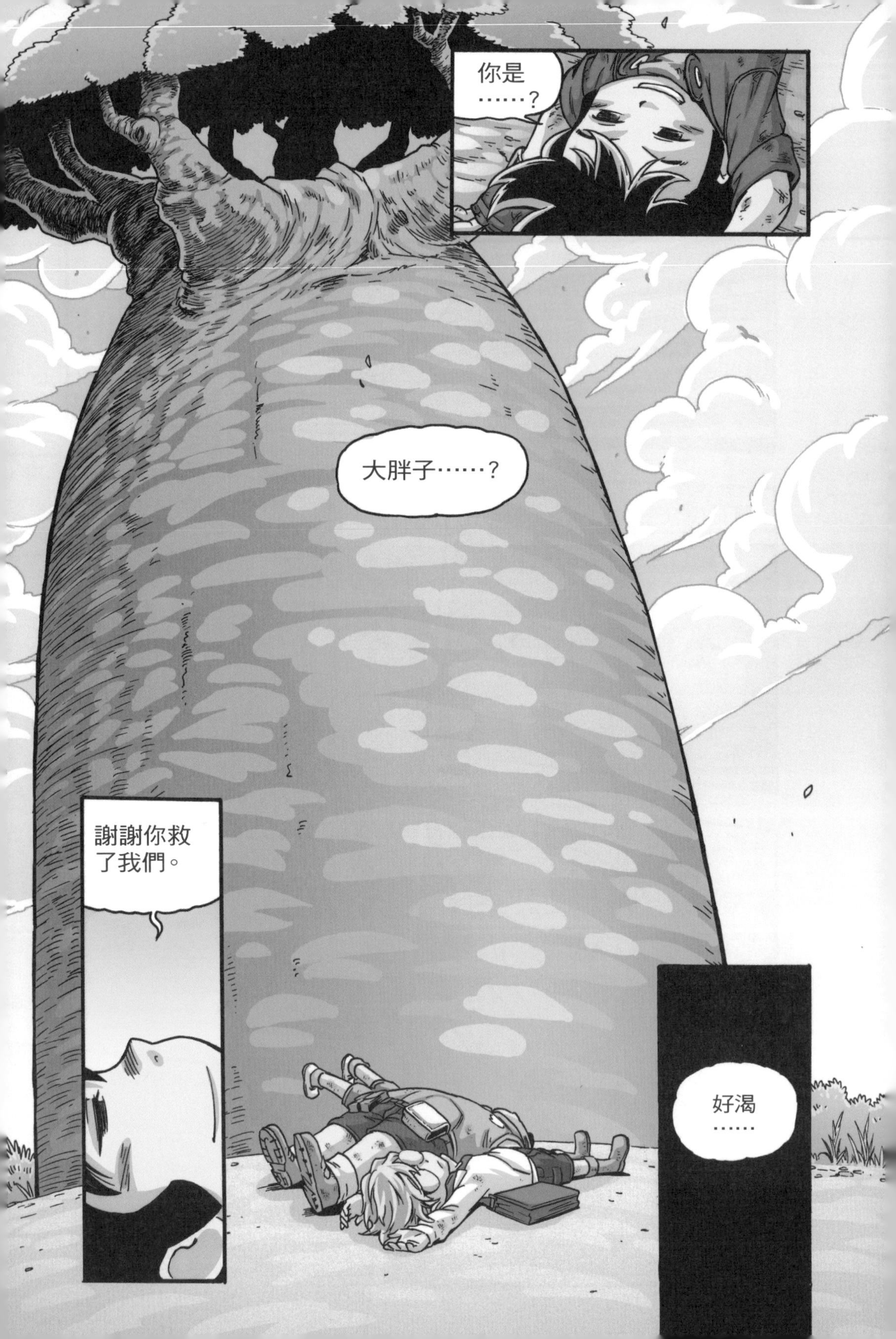
你是……？
大胖子……？
謝謝你救了我們。
好渴……

咕咕……

好清甜的水……

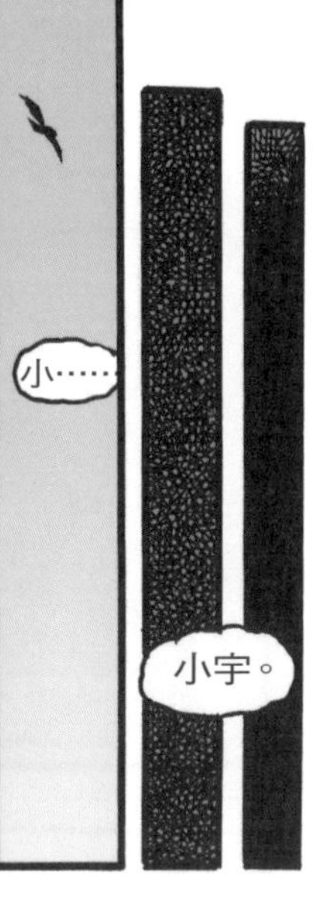
小……
小宇。

醒醒啊……
嗯？
我們竟然在沙漠昏倒了，
而且還不知道昏了多久。

奇怪的是，我們居然不會口渴。
感覺像剛喝過水一樣。
我們到底是怎麼來到這裡的呢？

對了，我們是被大胖子救活的！
大胖子？

對，比石頭還要胖的大胖子！

小宇，你說的
大胖子應該是
猴麵包樹。
這些是它留
下來讓我們充
饑的果實！
猴麵包樹？
太棒了！
我快餓死了！

這時候博士
應該在找我
們了吧？
我們很快就
可以回去了吧？

?!
小尚，那是
什麼？

那是千歲蘭……
希望它只
是一般的千
歲蘭……

沙——！！
沙沙沙！
哇啊！我們又遭到攻擊了！
可惡！
啊！！
咔！

放開我！
嚓
我來救你們了！
嚓！
喝啊！！！
嚓！
被砍斷的葉子又在重生了！
沙

千歲蘭的
生命力可是很
強的！
我們得
趕緊逃啊！
噠噠噠……

難道沒有
別的辦法了嗎？
我可不想死在
這裡！
前面有樹
林，我們快
逃進去！

在樹林裡它
能移動的範
圍就減少了！
要是繼續留在
廣闊的沙漠，我們
一定逃不掉！
噠噠噠……

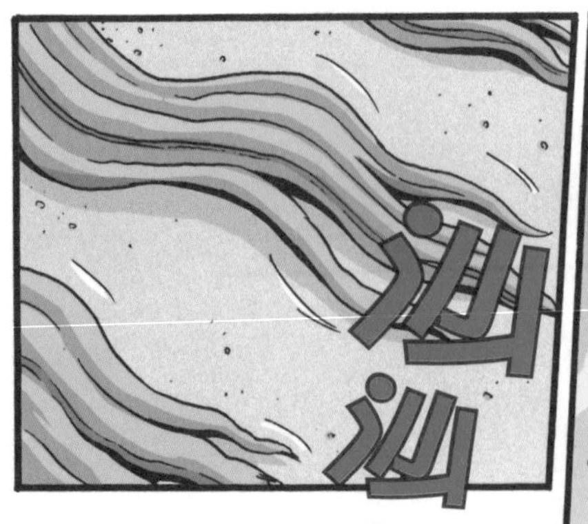
沙沙

千歲蘭沒
追來了！
它們退回去了。

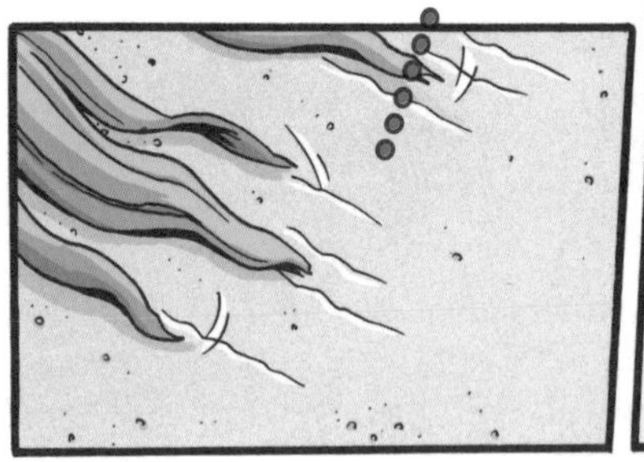

終於逃過
一劫了。
……
好險啊

千歲蘭
並不是放棄
了……
而是不
敢追過來！

我有種不祥
的預感……

小尚，我們
去找能發送信
號的高處吧！
走吧！

總覺得這片樹
林格外陰森。

沙沙……

沙沙沙……

什麼聲音？
在上面！

啪沙！！

知識補給站

植物之最

世界上最大的花——大王花

原產地：馬來半島、婆羅洲及蘇門答臘

特色：開花後會發出一種像腐肉般的惡臭，並藉由這種味道吸引蒼蠅等食腐昆蟲替自己傳播花粉。

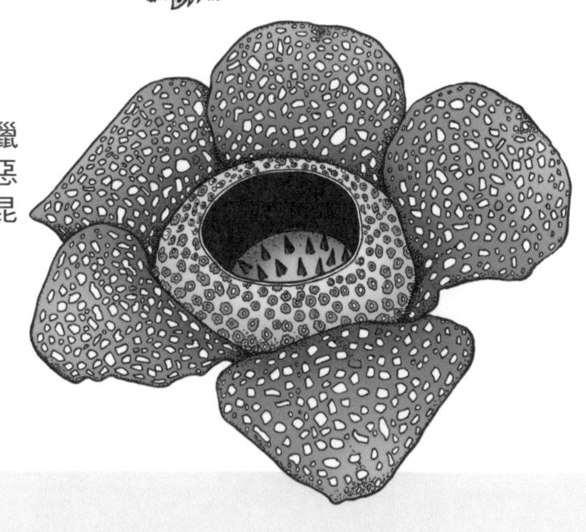

世界上最奇怪的植物——類葉升麻

原產地：北美溫帶林地

特色：其外表像一堆神經肌肉被纏在一起的眼球。果實在成熟季節含有劇毒，攝入漿果者可導致心臟驟停死亡，但根狀莖則可作為藥用。

世界上最血腥的菌類——出血齒菌

原產地：北美洲

特色：蘑菇上的血紅色液體，會讓人誤以為是森林裡的動物濺到白色菌蓋上的血液，其實那是從蘑菇上的小孔滲出的液體。

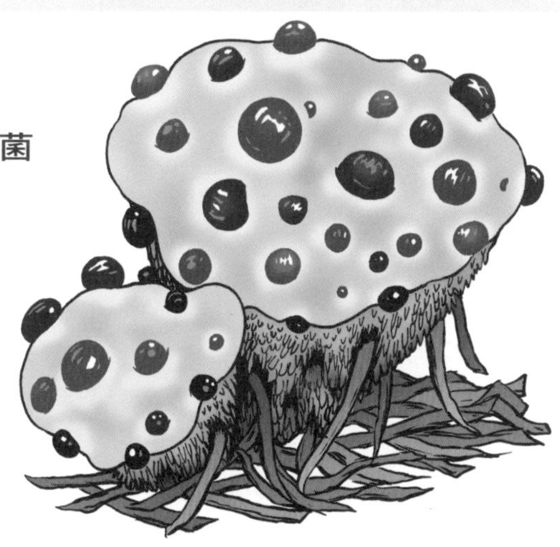

世界上最噁心的植物——紅星頭菌

原產地：澳洲

特色：長著海葵般的外形，表面由帶有腐肉氣味、呈深橄欖褐色的造孢組織所覆蓋，以便吸引蒼蠅前來散播孢子。

世界上最堅硬的樹——鐵樺樹

原產地：朝鮮南部、朝鮮與中國接壤地區

特色：堅硬程度比普通的鋼鐵硬一倍，人們把它用作金屬的代用品。由於密度極高，所以一放到水裡就往下沉；但即使長期浸泡在水裡，內部仍能保持乾燥。

世界上最小的植物——無根萍

原產地：世界各地

特色：外觀看起來像綠色的魚蛋，體積不超過一毫米長，開的花也只有針尖般小。它共創下了三個世界紀錄：一、全世界最小的開花植物；二、全世界花最小的植物；三、全世界果實最小的植物。

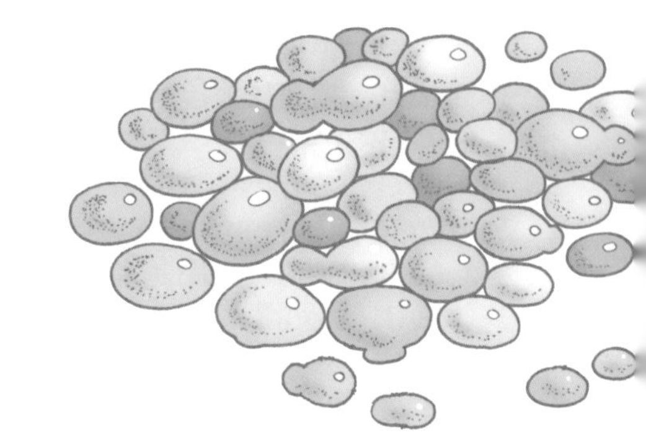

世界上最甜的果樹——卡坦菲

原產地：非洲

特色：卡坦菲的果實為三角形的肉質果，初熟時由墨綠色轉為褐色，全熟時呈鮮紅色。果實內的種子頂端覆有柔韌的膜質囊，可提煉出兩種糖蛋白，其甜度比蔗糖高2000~3000倍。卡坦菲樹開花後約3個月果實即成熟，最重的果實可重達40多克。

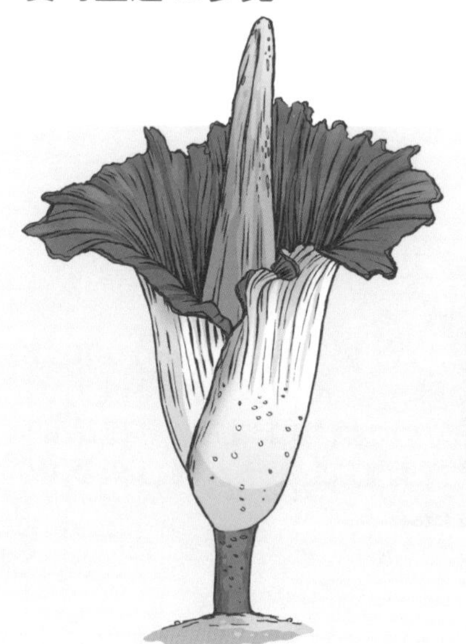

世界上最臭的花——巨花魔芋

原產地：蘇門答臘熱帶雨林

特色：開花的時候會散發一股類似屍臭的味道，因此又有「屍花」的別名。其腐臭味，是為了吸引甲蟲及蠅類來替它授粉。

世界上最稀有的植物——普陀鵝耳櫪

原產地：中國

特色：兩根主幹相隨相守，猶如形影不離的一對恩愛夫妻，亦被稱為「夫妻樹」。由於該樹種是雌雄同株，兩者的花期相差10至15天，極難相互授粉；其果殼堅硬，種子亦很難發芽，加上環境惡化，目前全世界僅剩下一株。

世界上最特別的植物——石花

原產地：非洲南部

特色：生石花是多肉植物的一種，其植株矮小，由兩片對生的肉質葉聯結而成，頂端平坦，中央有裂縫，會在裂縫中開出花朵。為了避免被動物吃掉，它們偽裝在砂礫亂石中，借以生存。

世界上最擬人的植物——何首烏

原產地：中國

特色：何首烏通常生長在海拔1000公尺以上的山麓，莖長可達3公尺以上，多數纏繞在其他植物上生長。有趣的是，何首烏竟有雌雄之分，而且外表與形狀也長得像人。

世界上最頑強的植物——千歲蘭

原產地：安哥拉與奈米布沙漠

特色：一生只長兩片葉子，莖短，其根部很長，可達3～10公尺，以吸取地下的水分。葉上的氣孔能吸取大氣中的水氣，因此能在條件非常惡劣的沙漠環境下生長，平均壽命為500～600年。

CHAPTER 7

食人樹的攻擊

食人樹，莫柏！！
沙沙沙……

裂——

!!
嘭!!

嗚啊啊啊！
嚓！
喀沙！

小S，去把匕首拿來！
知道了！

我拿到了！
小S！
小心啊！

嗟嗟嗟……
小宇，
接著！
小S，
幹得好！
咔！
嗟！

我們可是
說好要回到
基地的！
砍！

砍……砍
不斷……

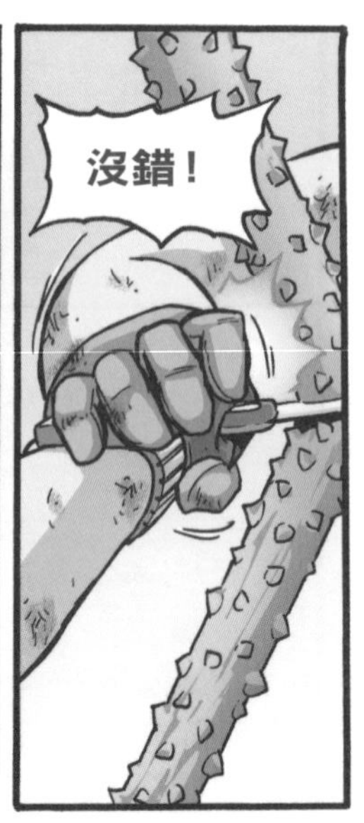
沒錯！

石頭！
小尚！
我們約
好的……

要一起
回基地！
嚓！

啪嗒！

快離開！

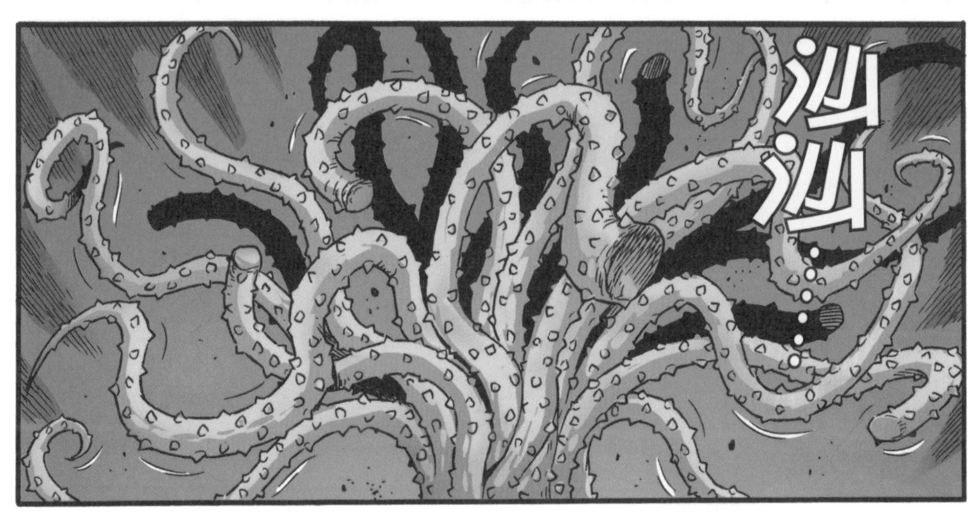
沙沙

啪沙！
啪沙！

我快
不行了！
小宇，千萬
別放棄啊！

糟了，小
宇倒下了！
噗！

我們在這裡
休息一會吧！
小宇的
額頭流血了！
為什麼
會這樣？
小宇，你要
撐著啊！

小尚，你看
守小宇，我要
回樹林一趟。
為什麼呢？
剛剛在逃
跑的途中，我
發現……

或許那能
救得了小宇！
放心吧！就在
前面而已，我很
快就回來了！
…

我記得好像就在這附近……
希望別再遇上食人樹了。

終於找到你了，死藤樹！
沙沙……
我只需要摘一點葉子……

喀沙喀沙！

樹林那邊很吵，
石頭該不會發生
什麼事了吧？

石頭回來了！
噠噠噠……

石頭，你
怎麼渾身都
是傷口？
跟死藤搏鬥
了一會，終於
拿到它的葉
子了！

什麼？死藤？
那是傳說中的
「神奇飲料」嗎？
正是它！

據說亞馬遜
的原住民都用
它來治病。

希望小宇吃
了會沒事。

噗!

石頭,你給
我吃了什麼東
西?
那是神奇飲料。
太好了,
小宇醒過
來了!

可是,小宇
的額頭……
咦?
這不是我
的血啊!

啊!這是
……

原來我
們都誤會了。
那只是
龍血樹的樹
汁而已。

小宇，我們
都快被你嚇
死了！
我還為了
你跑去跟死
藤搏鬥！
真不好
意思啊！

這下糟了
……
小S，你怎
麼了？

我掃描了石頭帶回來的葉子，發現這並不是死藤樹的葉子！

什麼！？
那是什麼？

這……這是含有劇毒的……
箭毒木！

不會吧！

食人樹又追過來了！
小S！
知道了！
趕緊離開這裡吧！
伏！
哇啊啊啊！
嘭！
它比剛才更凶猛了！
沙沙
前面有河流！

只要越過對岸，
它應該就無法
攻擊我們了！
難……難道
我們要游泳
過去嗎？

我們利用
玉蓮越過
河流吧！
小尚，你
是在開玩笑
嗎？！

玉蓮的浮力
可以承受50
公斤的重量！
我們踏
上去絕對沒
問題！

只好放手
一搏了！

噠
噠
噠

終於跳
過來了！
啪沙！

小尚，我們
終於甩掉食
人樹了！
噠

石頭呢？

石頭，你別
愣在那啊，快
跳過來！

不行啊……
沙沙……
我的體重
已超過上
限了……

知識補給站

植物有哪些特殊形態的葉子？

葉子的基本功能是進行光合作用，但是有些植物的葉子會特化成不同的形態，甚至連功能也會有所改變。特殊形態的葉子有鱗葉、卷鬚葉、針狀葉、捕蟲葉和繁殖葉，它們的特徵及代表性的植物如下：

形態類別	特徵	代表性植物
鱗葉	厚又白的鱗葉簇生於縮短的莖上，含大量養分和水分，完全喪失光合作用的能力，而具有儲藏養分的功能	 洋蔥
卷鬚葉	葉或葉的一部分變態為卷鬚，以便攀爬生長	 豌豆
針狀葉	葉子退化成尖而利的針狀，可以防止水分蒸散，同時具有保護功能	 仙人掌
捕蟲葉	葉特化後可以捕捉小蟲，並可直接吸收、利用消化分解後的養分	 豬籠草
繁殖葉	葉緣會長出小芽，具生殖能力	 落地生根

為什麼葉子會掉落？

常綠植物的葉子，壽命一般在3至5年之間，當葉子的壽命結束時，就會掉落。

落葉植物在冬天休眠前也會落葉，這樣就可以安然度過惡劣的寒冬。

另一種情況則是植物生病了，如果情況過於嚴重，也會導致葉子壞死，最終脫離植物而掉落。

為什麼葉子會變色？

葉片呈現出綠色是因為葉綠素，不過除了葉綠素之外，還有能呈現黃色的葉黃素和胡蘿蔔素，以及能呈現紅色的花青素。因此，當葉子的葉綠素減少，其他化學色素就會顯現出來，而呈現黃色或橘色。如果葉片中有糖分，那麼葉片也會呈現出紅色或紫色。

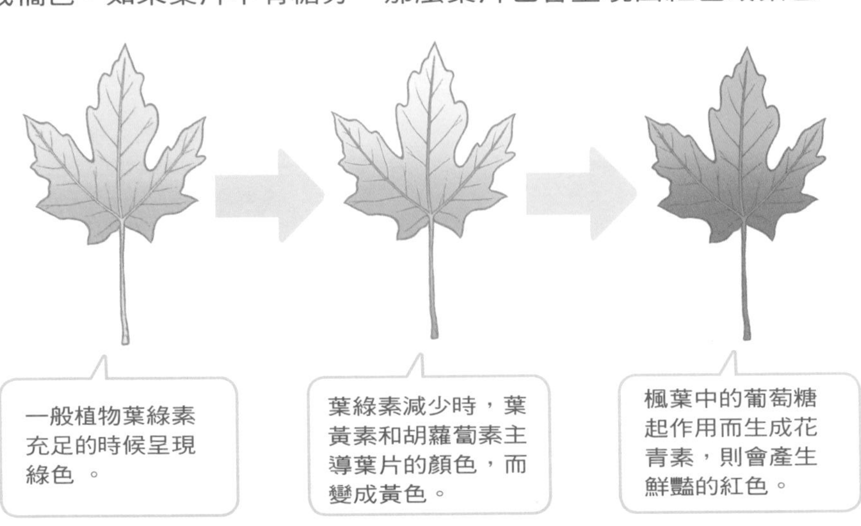

CHAPTER 8

無人地帶的祕密

你們別過
來啊！
喀沙！

小宇！
!!

小宇怎
麼了？
小宇體內的
箭毒木的毒性
開始發作了！

小宇啊！
你千萬別
死啊！

石頭……

放開我……

求求老
天爺……
求求您救救
我們吧！

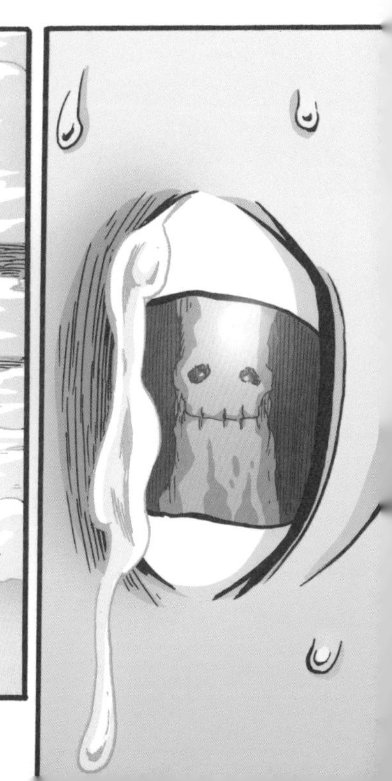

噠噠噠噠……

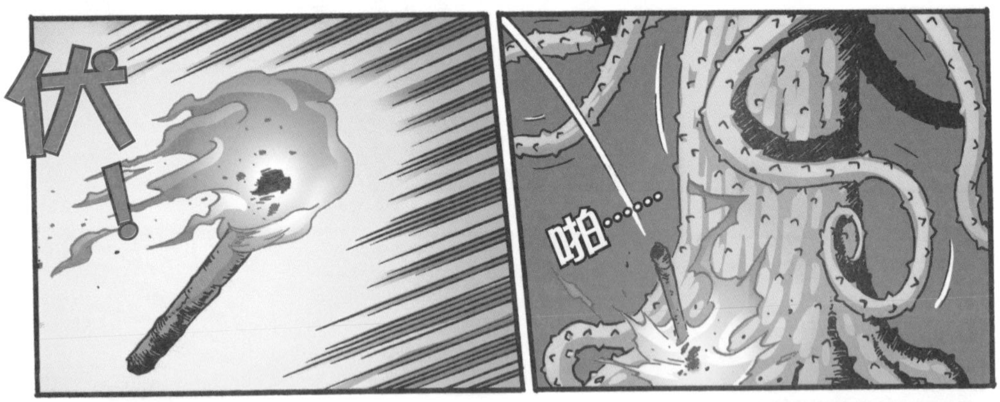
伏！
啪……

啪啪……

喔喔喔……
喔喔……

大樹他……
救了我們……

第四天的晚上

孩子，
別擔心。
你身上的魔咒
已經解除了。

這裡是什
麼地方？
你是……

你現在在一個
很安全的地方。
我是這裡
的酋長。

小宇終於
醒過來了！
啪！
太好了，我
們被一群原住
民給救了！

小尚，石頭，
到底發生什
麼事了？

你們闖進了
「無人地帶」，
而且還中了
植物的魔咒。

植物的……
魔咒？

沒錯。
無人地帶裡的植物都有著神聖的靈魂。

存在於無人地帶的植物有光明與黑暗之分。
其中，光明的植物為我們的生活帶來了很大的幫助。

而被我們稱為「植物魔」的黑暗植物，對人類來說是一種危險的存在。
其中最讓我們恐懼的就是蕈類！
蕈類植物懂得放出魔咒，讓中了魔咒的人離不開無人地帶，
使人類被植物魔追逐與攻擊……

直到奪取
人類的靈魂
為止。

你們便是中了
蕈類的魔咒，
以致於
險些喪命。
而那小孩更是
可憐，他中了植
物魔的毒。
小宇，
抱歉……

不過你們
放心，我們剛
才做了神聖
的儀式，
已將你們
身上的魔咒和
毒素驅走了。

今晚就好好
休息吧！
真是非
常感謝你的
相助！

植物魔的
詛咒都是真
的嗎！？

若以科學
的角度來
看……

並不是因為蕈類會施放魔咒，而是他散發一種具有迷幻作用的孢子，
進而控制我們的大腦，不斷讓我們產生幻覺。

這麼說，這幾天我們所見到的都只是幻覺嗎？
但我們的確在一個非常危險的地方度過了三天。
這真是一段可怕的經歷。

對不起……都是因為我擅自行動的關係，才會拖累大家……
對不起，我太自以為是，才會讓小宇中毒的……
算了吧，只要我們平安無事就好！

第五天
嗶……
嗶嗶……
小尚，石頭！
基地發信號
來了！
什麼？
你們竟然擅
自行動！
你們知道
我們有多
擔心嗎！？

艾美麗先別生
氣，當時我們也
想馬上回去的，
只是……
不行，我
要保持淑女
形象……
算了，
你們不必向
我解釋。

10分鐘後就
傳送你們回來，
快做準備！

滋……

沒想到你
們這麼快就要
離開了。
因為我們
已經聯絡上
基地了。

擦擦……

好大的樹！

小尚，石頭，
你們剛剛也
看見了嗎？
你們也感
應到了吧？
咦？
他是最神聖
的光明之樹。
也是這個
雨林裡最古
老的樹。

他一直都
在這裡，
可說是
這個雨林的
守護神。

在他的指引之
下，我們才遇
上了你們。
酋長，
我們可以靠
近他嗎？

嗯！

你是剛才
的大樹吧？

謝謝你一直
守護著我們！

感謝大家
對我們的救
命之恩！

各位，再見了！

滋……
啪！
啊啊啊啊啊啊啊!!

嗡嗡
我們回來了！
喀
嗯？

你們的旅程還開心嗎？
應該知道自己會有什麼下場吧？
受罰吧！
下……下次不敢了！

植物對地球上的生物有什麼重要性呢？

維持生態平衡

養分與能量
植物是大自然中最重要的生產者，他們能透過光合作用獲得養分與能量。
而動物維持生命所需的養分和能量，都直接或間接來自植物。

物質迴圈
植物在自然界的許多物質迴圈中都扮演著不可替代的角色，例如在碳迴圈中，生物在呼吸時釋放二氧化碳，而植物能利用光合作用來將其轉化成碳水化合物；在氧迴圈中，植物在光合作用時釋放氧氣，可以補充生物呼吸時所消耗的氧氣。其他還包括水迴圈、氮迴圈、磷迴圈等。

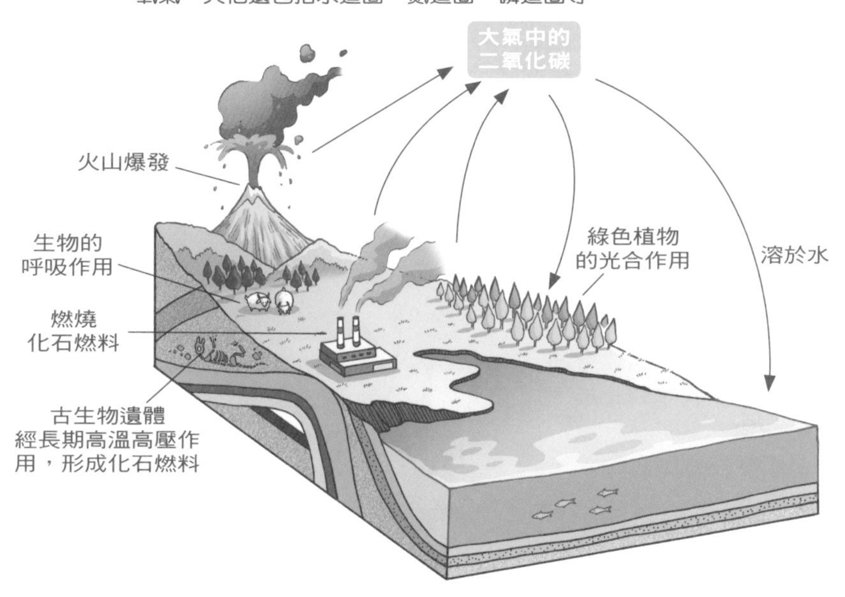

學習測驗站

01 植物一般可分為哪兩大類？

A 隱花植物和顯花植物

B 隱花植物和被子植物

C 裸子植物和顯花植物

02 哪一類的植物會在繁殖期間開花，並以種子進行繁殖？

A 孢子植物

B 被子植物

C 隱花植物

03 葉綠體中的葉綠素會將二氧化碳和水轉化成？

A 空氣

B 水分

C 養分

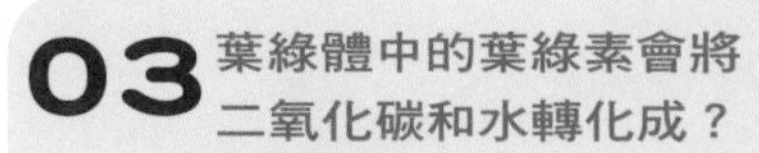

04 從1991年到2000年，亞馬遜熱帶雨林遭到破壞的面積是？

A 587000平方公尺

B 587000平方公里

C 587000平方公分

05 芬多精對植物而言，有什麼功能？

A 消除疲勞

B 安定情緒

C 防止細菌入侵

06 以下哪一種蕈類是有毒的？

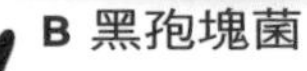

A 毒鵝膏

B 黑孢塊菌

C 冬蟲夏草

07 在自然界裡，與植物關係最密切的生物是？

A 人類　B 動物　C 昆蟲

08 雄花的雄蕊是由什麼部分所組成？

A 花瓣

B 柱頭、花柱和子房

C 花葯和花絲

09 以昆蟲為食的植物稱為什麼？

A 食蟲植物

B 滅蟲植物

C 益蟲植物

10 雌花的雌蕊是由什麼部分所組成？

A 柱頭、花柱和子房

B 被子植物

C 隱花植物

11 以下哪一种是有毒植物？

A 海底椰

B 海檬果

C 榴槤

12 世界上最小的植物是？

A 無根萍

B 菊花

C 蒲公英

13 以下哪一種植物的外表與形狀，長得很像人形？

A 香蕉樹

B 何首烏

C 椰樹

14 以下哪一種不是食蟲植物？

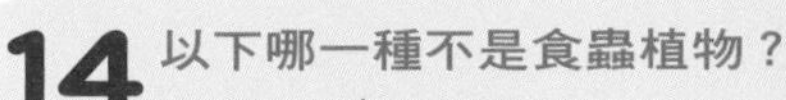

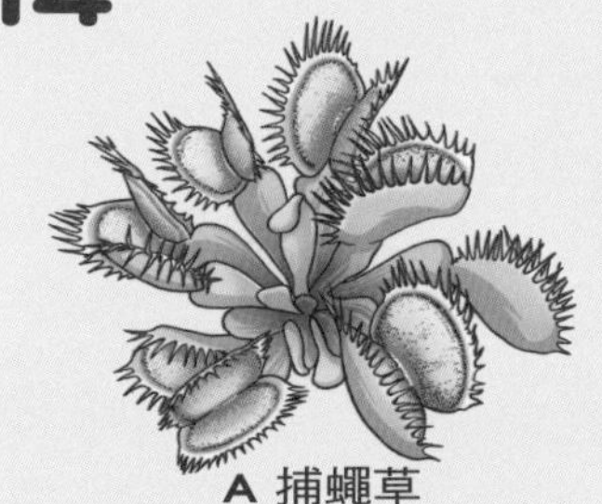

A 捕蠅草

B 含羞草

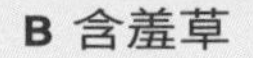

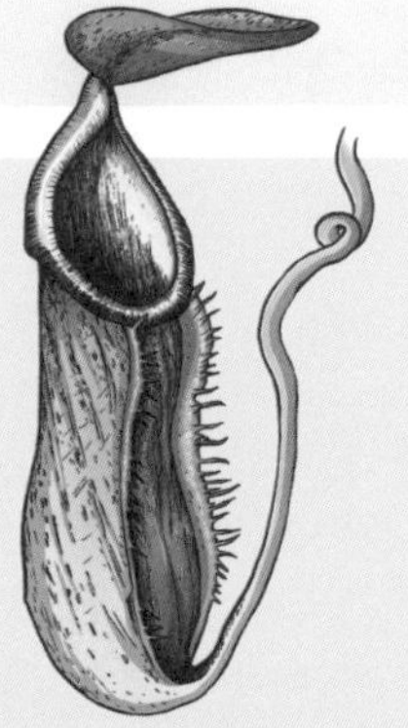

C 豬籠草

15 世界上最大的花是？

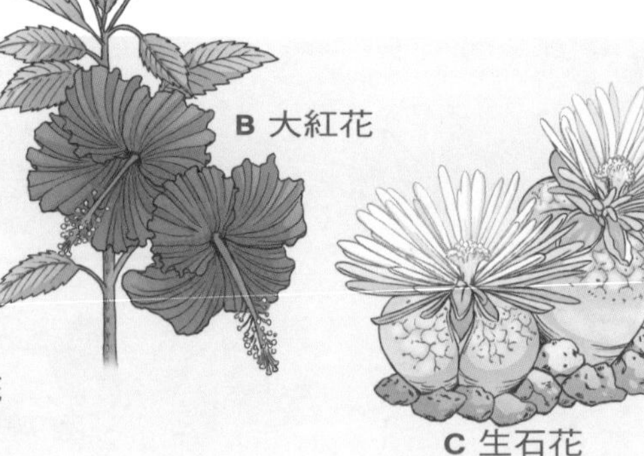

A 大王花

B 大紅花

C 生石花

16 世界上面積最廣大的雨林是？

A 亞馬遜熱帶雨林

B 婆羅洲

C 剛果盆地

17 巨花魔芋所散發出的味道是為了？

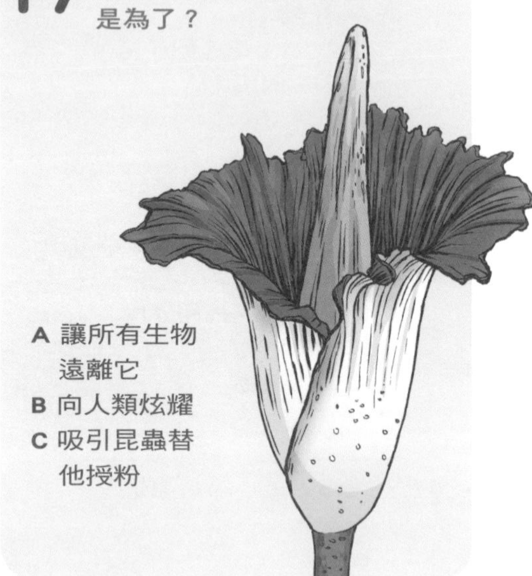

A 讓所有生物遠離它

B 向人類炫耀

C 吸引昆蟲替他授粉

18 以下哪一種是雌雄異花同株植物？

A 小麥

B 銀杏

C 玉米

19 長在水中的根稱為什麼？

A 氣生根

B 水生根

C 寄生根

20 以下哪一種形態類別是落地生根的特徵？

A 針狀葉

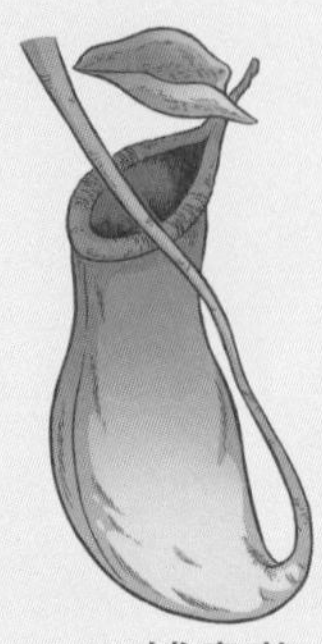

B 捕蟲葉

C 繁殖葉

答案揭曉

01 A	06 A	11 B	16 A
02 B	07 C	12 A	17 C
03 C	08 C	13 B	18 C
04 B	09 A	14 B	19 B
05 C	10 A	15 A	20 C

全部答對

表現得很不錯嘛！
跟我不相上下！

答對 10 – 11 題

偷偷告訴你，
其實我比博士聰明！

答對 8 – 9 題

要像我一樣活用知識，
才不會變成書呆子喔！

答對 6 – 7 題

下一次我的分數
一定會比你高！

答對 4 – 5 題

看來我要惡補一下了！
有人要一起去圖書館嗎？

答對 0 – 3 題

呃……
大家一起加油吧！

X探險特攻隊 神祕雨林大冒險

作　者：李國靖．阿比
繪　者：黃嘉俊
發行人：楊玉清
副總編輯：黃正勇
執行編輯：李欣芳
美術設計：辰皓國際出版製作有限公司

出　版：文房(香港)出版公司
2019年4月初版一刷
定　價：HK$75
I S B N：978-988-8483-57-0

總代理：蘋果樹圖書公司
地　址：香港九龍油塘草園街4號
華順工業大廈5樓D室
電　話：(852) 3105 0250
傳　真：(852) 3105 0253
電　郵：appletree@wtt-mail.com

發　行：香港聯合書刊物流有限公司
地　址：香港新界大埔汀麗路36號
中華商務印刷大廈3樓
電　話：(852) 2150 2100
傳　真：(852) 2407 3062
電　郵：info@suplogistics.com.hk

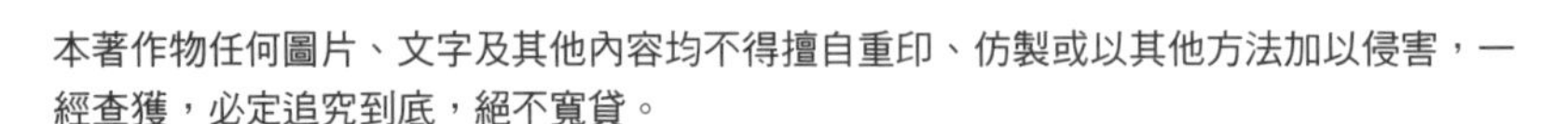